从零开始

Octane Render for Cinema 4D

安麒 著

模型渲染实战案例教材

人民邮电出版社
北京

图书在版编目（CIP）数据

Octane Render for Cinema 4D模型渲染实战案例教材 / 安麒著. -- 北京：人民邮电出版社，2022.1
ISBN 978-7-115-57579-1

Ⅰ. ①O… Ⅱ. ①安… Ⅲ. ①三维动画软件—教材
Ⅳ. ①TP391.414

中国版本图书馆CIP数据核字(2021)第202165号

◆ 著　　　　安　麒
责任编辑　赵　轩
责任印制　陈　犇
◆ 人民邮电出版社出版发行　　北京市丰台区成寿寺路 11 号
邮编　100164　　电子邮件　315@ptpress.com.cn
网址　https://www.ptpress.com.cn
北京宝隆世纪印刷有限公司印刷
◆ 开本：787×1092　1/16
印张：11　　　　　　　　　2022 年 1 月第 1 版
字数：254 千字　　　　　　2022 年 1 月北京第 1 次印刷

定价：89.90 元

读者服务热线：(010)81055410　印装质量热线：(010)81055316
反盗版热线：(010)81055315
广告经营许可证：京东市监广登字 20170147 号

为了让读者快速上手 Octane Render 渲染器，作者精心编排了本书的学习提纲，并站在学习者的角度安排了恰到好处的知识与案例。这不但可以让读者更轻松地抓住学习的重点，还可以让读者的学习成果立竿见影，获得满满的成就感。

——AIKI007

（BIGD 联合创办人、产品负责人）

第一次看到安麒为这本书准备的案例时，我就被深深地吸引了。这些案例正是当下流行的风格，制作难度由浅入深、循序渐进、效果不俗，可以看出作者为此付出了大量心血。跟随这本书来磨练自己的技术，相信您也能获得不小的收获。

——雨成

（氢时光产品创始人、百度高级设计师、站酷推荐设计师）

3D 软件就好像一种独特的语言，它是将想象力具象化的钥匙。现在最前沿的视觉语言之一就是 3D 技术，它可以更立体地视觉化我们的思想并传递给他人。随着 NFT（Non-Fungible Tokens，不可同质化代币）的兴起，越来越多的人开始认可数字化作品的价值。这本书在当下和未来都尤为重要，因为它是你学习数字化视觉"语言"的启蒙书。

——柴逸飞

UNIT9 执行创意总监（ECD，Executive Creative Director）

软件介绍

Octane Render（简称 OC 渲染器）是一款基于 GPU（Graphics Processing Unit，图形处理器）技术的无偏差渲染器，在整个渲染器市场中，它的出图质量与渲染速度都十分出色，相比传统的基于 CPU（Central Processing Unit，中央处理器）技术的渲染器，它的出图速度可提升 10 ～ 50 倍。

本书内容介绍

本书可帮助读者快速掌握 Octane Render 的使用方法和技巧。

本书各章的内容介绍如下。

第 1 章讲解了什么是 Octane Render，并通过比较市场中常见的几种渲染器 [Arnold（阿诺德）、Redshift、VRay] 来说明为什么要选择 Octane Render 进行渲染。

第 2 章讲解了 Octane Render 界面的知识，带领读者认识 Octane Render 的界面，熟悉界面的两大组成部分——菜单栏和工具栏，同时还会带领读者自定义适合自己的 Octane Render 界面，从而提高工作效率。

第 3 章讲解了节点编辑器、材质节点、纹理节点、其他节点、生成节点、贴图节点、置换节点、发光节点等内容。通过对本章的学习，读者可以了解节点编辑器中各个节点的作用，并能够灵活地运用这些节点编辑和创建材质。

第 4 章讲解了 Octane Render 摄像机与灯光。通过对本章的学习，读者可以学会如何通过 Octane Render 为场景增加景深和后期处理，以及如何为场景增加光源，并通过实战案例讲解如何运用灯光和物体自发光照亮场景。

第 5 章讲解了 Octane Render 雾体积与 VDB，以及通过 Octane Render HDRI 环境制作雾的方式。通过对本章的学习，读者能够学会如何制作雾效果，并通过实战案例学会如何制作雾场景。

第 6 章讲解了 Octane Render 中的基础材质，一共包含 5 种基础材质，分别为漫射材质、反射材质（光泽度材质）、折射材质（镜面材质）、金属材质和混合材质，并通过实战案例讲解如何制作"SSS 材质、磨损金属材质、水渍材质"等复杂材质和特殊材质。

第 7 章讲解了如何综合运用 Octane Render 设计不同风格的场景，如芯片场景、菠萝流体场景、榨汁机场景、森林场景等，同时，也会对各种可以快速制作模型或贴图的插件进行讲解。本章将着重讲解设计思路，读者可根据设计思路，利用提供的模型包和贴图包自行完成场景设计，如果遇到不理解的地方，可以观看随书配套的视频。

增值服务

本书配套资源丰富，包括每章讲解中涉及的素材资源、源文件和教学视频。同时，由于本书是基于 Cinema 4D 展开的，我们也提供 Cinema 4D 的全套基础课程。读者可以下载"每日设计"APP，搜索本书书号"57579"，在"图书详情"页面进行下载；或关注公众号"职场研究社"，回复书号"57579"获取资源下载链接。

● 图书导读

① 导读音频：由作者亲自讲解，了解全书的创作背景及教学侧重点。

② 思维导图：统览全书讲解逻辑，明确学习流程。

● 软件学习

① Cinema 4D 全套基础课程：没有 Cinema 4D 基础也能学习，一本书包含两套课程。

② 全书素材和源文件：使用和作者相同的素材，边学习边操作，快速理解知识点。理论学习和实践操作相结合的学习方式，更容易加

深和巩固学习效果。

③精良的教学视频：由作者亲自录制，手把手教学，更加生动形象。在"每日设计"APP本书页面"配套视频"栏目，读者可以在线观看。

● 拓展学习

①热文推荐：在"每日设计"APP本书页面"热文推荐"栏目，读者可以了解3D渲染最新资讯和操作技巧。

②老师好课：在"每日设计"APP本书页面"老师好课"栏目，读者可以学习其他相关的优质课程，全方位提升自己。

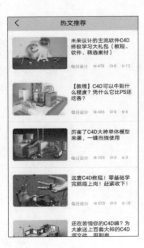

安麒

2021年3月

第 1 章 初识 Octane Render

第 2 章 认识 Octane Render 界面

文件 云端 对象 材质 比较 选项 帮助 界面 [FINISHED]

第 3 章 Octane Render 节点编辑功能

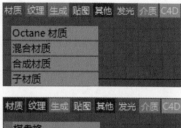

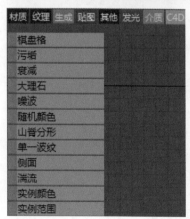

 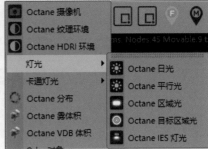

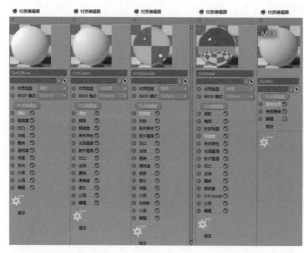

第 7 章　Octane Render 实战案例

第1章　初识Octane Render

本章将会介绍什么是Octane Render，让读者对Octane Render有一个整体认识。另外，本章还会比较Octane Render和市场上常见的几种渲染器（Arnold、Redshift、VRay），说明为什么选择Octane Render。

1.1 什么是Octane Render

Octane Render是一款基于GPU技术的无偏差渲染器，它不仅拥有出色的渲染速度，还具备强大的交互功能，甚至可以与Cinema 4D完全交互，实时获得渲染结果。值得一提的是，它在次表面散射和置换方面的表现也十分出色。总而言之，在新的渲染方式下，渲染的效率将得到极大的提升。图1-1所示的是使用Octane Render渲染后出图的效果。

图1-1

1.2 为什么选择Octane Render

本节将比较Octane Render和市场上常见的几种渲染器［Arnold（阿诺德）、Redshift、VRay］，说明为什么要选择Octane Render。

1.2.1 Octane Render

Octane Render凭借其出色的出图质量和渲染速度在国内拥有非常多的用户。它可以与Cinema 4D实现完全交互，这意味着用户可以实时获得渲染结果，极大地提高工作效率。Octane Render的节点编辑器没有过于繁杂的参数，界面简约，功能强大，因此学习成本比较低，容易上手。图1-2和图1-3所示的是使用Octane Render渲染后出图的效果。

需要注意的是，以前Windows系统上的Octane Render只支持Nvidia显卡（N卡），不支持AMD显卡（A卡）。但是在2020年，Octane Render推出了支持macOS系统的Octane X版本。

图1-2

图1-3

优势：

实时预览，渲染速度快，出图质量高，学习资源多。

劣势：

对配置（显卡）的要求高，成本高。

1.2.2 VRay for Cinema 4D

VRay渲染器一直活跃在3ds Max领域，应用于室内设计与汽车渲染。使用VRay内核开发图片和动画渲染的3D建模软件有VRay for 3ds Max、Maya、SketchUp、Rhino、Cinema 4D等。需要注意的是，VRay for Cinema 4D并不是官方开发的，而是Cinema 4D爱好者为了使用自行开发的，官方只提供技术支持，因此在更新同步上稍显滞后。图1-4和图1-5所示的是使用VRay for Cinema 4D渲染后出图的效果。

图1-4

图1-5

优势：

VRay渲染器的最大特点是较好地平衡了渲染品质与计算速度。VRay渲染器提供了多种GI（Global Illumination，全局照明）方式，这样在选择渲染方案时会比较灵活：既可以选择快速高效的渲染方案，也可以选择高品质的渲染方案。

劣势：

更新和同步慢、学习资源少。

1.2.3 Arnold

Arnold（阿诺德）渲染器是基于物理算法的电影级别渲染器，是行业里的佼佼者、节点渲染器的开创者，渲染真实度很高，功能强大，有实时预览功能。Arnold渲染器支持CPU渲染，因此不受显卡型号的限制。从2019年的更新版本开始，Arnold渲染器除了支持CPU渲染，还支持GPU渲染（限N卡，不限型号）。图1-6和图1-7所示的是使用Arnold渲染器渲染后出图的效果。

图1-6

图1-7

优势：

拥有强大的开发团队，功能丰富［自定义AOV（Arbitrary Output Variables，任意输出变量）、灯光组、灯光路径表达式、支持XP（X-Particles，全功能粒子）等］，操作界面友好简单，渲染参数布局简洁合理，参数设计直观清晰。

劣势：

学习难度大且学习资源少；Arnold渲染器默认开启了全局照明，在处理透明物体和折射、反射较为明显的物体时会消耗大量的时间进行渲染，并且不适合室内渲染和焦散渲染。

1.2.4　Redshift

Redshift（简称RS）渲染器是有偏差的GPU渲染器，它的渲染速度比Octane Render还要快，制作动画时更有优势，虽然使用人群没有Octane Render广，但自从被Maxon收购之后就开始有越来越多的设计师在学习Redshift渲染器。在Windows系统上Redshift只支持N卡，不支持A卡，最近Redshift推出了支持macOS系统的版本。图1-8和图1-9所示的是使用Redshift渲染后出图的效果。

图1-8

图1-9

优势：

渲染速度快，不容易产生噪点，与Cinema 4D兼容性好。

劣势：

学习难度大，参数较多。

学习难易程度比较：

Octane Render > VRay for Cinema 4D > Redshift > Arnold

渲染质量比较：

Arnold > Octane Render > VRay for Cinema 4D > Redshift

渲染速度比较：

Redshift > Octane Render > Arnold > VRay for Cinema 4D

第2章　认识Octane Render界面

本章将详细讲解Octane Render界面的组成，包括Octane Render菜单栏和工具栏。在读者熟悉了Octane Render界面后，本章将会讲解如何自定义Octane Render界面，从而提高工作效率。

2.1 Octane Render界面

在Cinema 4D界面中，选择"Octane>Octane实时查看窗口"打开"Live Viewer Studio"，如图2-1所示。

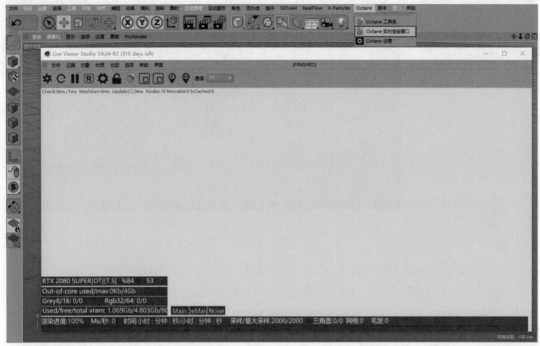

图2-1

2.1.1 Octane Render 菜单栏

Octane Render菜单栏是Octane Render界面的重要组成部分，包含了"文件""云端""对象""材质""比较""选项""帮助""界面"等菜单，如图2-2所示。

图2-2

1.文件

在Octane Render菜单栏中选择"文件>保存为16位图像"即可将Live Viewer Studio中的图像保存为16位图像，如图2-3所示，此时输出的图像质量与渲染到图片查看器的图像质量没有区别，如图2-4所示。

提示 当场景过大，无法正常依靠GPU将图像输出到图片查看器时，就可尝试将图像以"保存为16位图像"的方式输出。

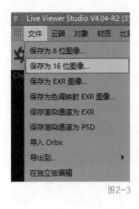

图2-3

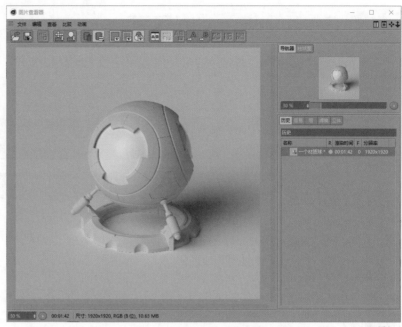

图2-4

2. 云端

在Octane Render菜单栏中选择"云端>发送场景"（见图2-5）可将当前场景以ORBX格式输出。在该格式下，场景中的模型、纹理贴图和动画可一并导出，如图2-6所示。

图2-5

图2-6

3.对象

"对象"中包含了"Octane摄像机""Octane纹理环境""Octane HDRI环境""灯光""Octane分布""Octane雾体积""Octane VDB体积"等功能选项，如图2-7所示。

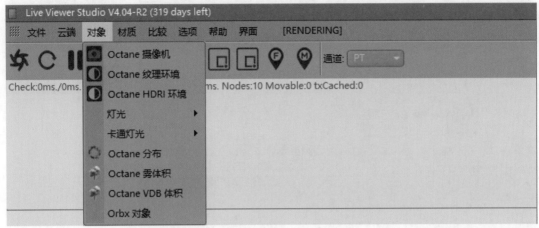

图2-7

● Octane摄像机：该功能可以为场景增加焦距、景深、滤镜等，如图2-8所示。

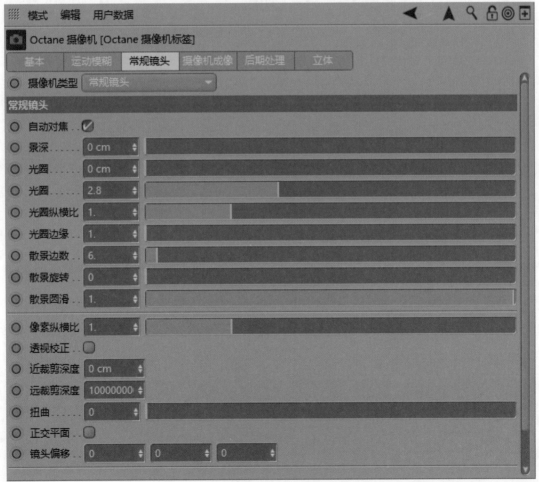

图2-8

● Octane HDRI环境：该功能可以为场景增加环境光，如图2-9所示。

● 灯光：该功能可以为场景增加光源，如图2-10所示。

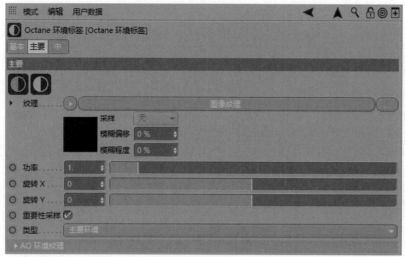

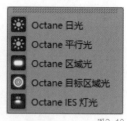

图2-10

图2-9

● Octane雾体积：该功能可以用体素的方式为场景增加雾，如图2-11所示。

● Octane VDB体积：该功能可以用VDB预设的方式为场景增加雾，如图2-12所示。

图2-11

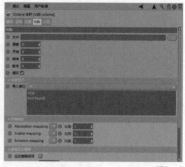

图2-12

4. 材质

"材质"中包含了"Octane节点编辑器""Octane漫射材质""Octane反射材质""Octane折射材质""Octane金属材质""Octane混合材质""转换材质""移除未使用材质""移除重复材质"等，如图2-13所示。

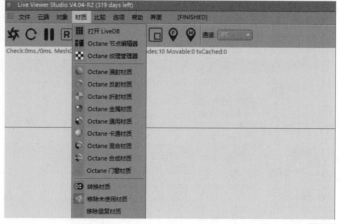

图2-13

- Octane节点编辑器：该功能通过编辑节点的方式创建材质，解决复杂材质的创建问题，如图2-14所示。
- Octane材质组：Octane材质组中包含了各种基础材质，如图2-15所示。

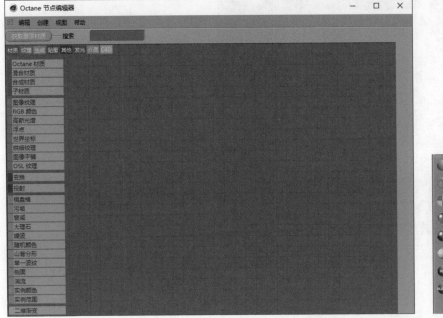

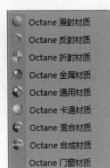

图2-14　　　　　　　　　　　　　　　　　图2-15

- 转换材质：该功能可以用来将其他渲染器的材质转换为Octane材质。

在Octane Render菜单栏中选择"材质＞转换材质"（见图2-16），即可将其他渲染器的材质转换为Octane材质，如图2-17所示。

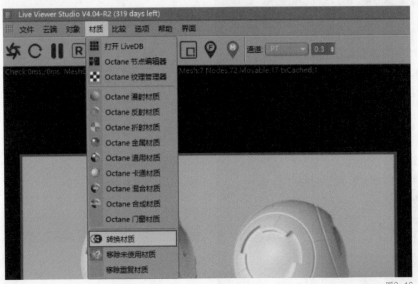

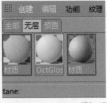

图2-16　　　　　　　　　　　　图2-17

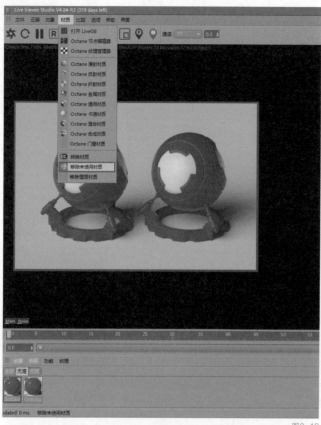

图2-18

● 移除未使用材质：该功能可以
移除场景中已创建但未使用的
材质。

在Octane Render菜单栏中选
择"材质>移除未使用材质"（见图
2-18）。即可移除场景中已创建但未
使用的蓝色材质，如图2-19所示。

图2-19

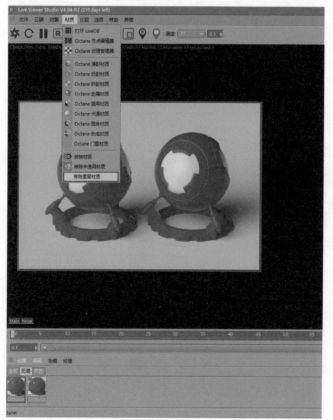

图2-20

● 移除重复材质：该功能可以移除
场景中已创建但重复的材质。

在Octane Render菜 单 栏 中
选择"材质>移除重复材质"（见图
2-20）。即可移除场景中已创建但重
复的红色材质，如图2-21所示。

图2-21

5.比较

"比较"功能可以用来比较修改前后场景灯光及材质的变化。

在Octane Render菜单栏中选择"比较>存储渲染缓存",如图2-22所示。然后将红色材质球修改为蓝色材质球,即可看到在Live Viewer Studio中出现了一条AB比较线,左边为蓝色材质(后),右边为红色材质(前),如图2-23所示。

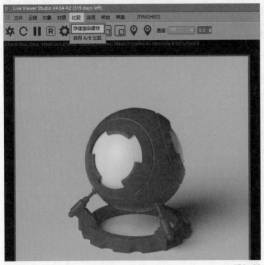

图2-22

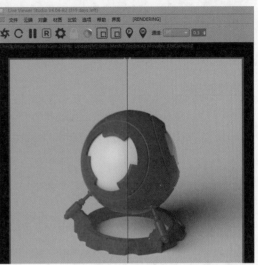

图2-23

提示 AB比较线是可以移动的,如图2-24所示。

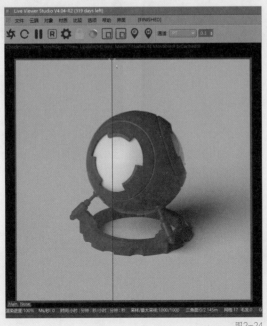

图2-24

2.1.2 Octane Render 工具栏

Octane Render工具栏是Octane Render界面的重要组成部分，包含了"启动渲染""重启渲染""停止渲染""清空GPU数据""Octane设置""锁定Live Viewer Studio""材质切换""渲染区域选择""景深选择""材质选择""渲染通道"等功能按钮，如图2-25所示。

图2-25

1. 启动渲染

在Octane Render未开启渲染的状态下，在Octane Render工具栏中单击"启动渲染"按钮即可开启Octane Render渲染，如图2-26所示。

2. 重启渲染

当改变了场景中的灯光或材质，但Live Viewer Studio中没有刷新时，在Octane Render工具栏中单击"重启渲染"即可刷新Octane Render，如图2-27所示。

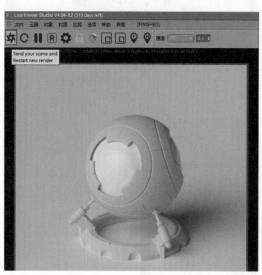

图2-26

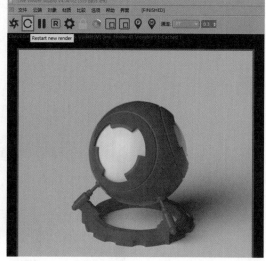

图2-27

3. 停止渲染

在Octane Render渲染开启的状态下，在Octane Render工具栏中单击"停止渲染"即可关闭Octane Render渲染，使其停止工作，如图2-28所示。

4. 清空GPU数据

当场景过大，运算速度过慢时，可在Octane Render工具栏中单击"清空GPU数据"，加快场景运算速度，如图2-29所示。

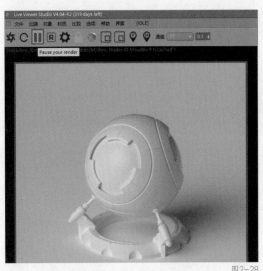

图2-28

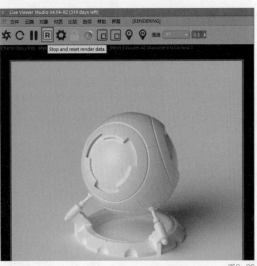

图2-29

5.Octane设置

在Octane Render工具栏中单击"设置",如图2-30所示。

（1）模式

在弹出的"Octane 设置"对话框中包含4种模式,分别为"信息通道""直接照明""路径追踪""PMC",如图2-31所示。

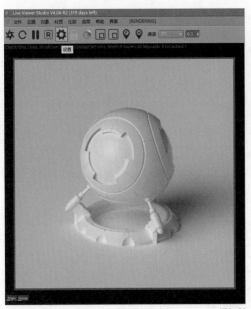

图2-30

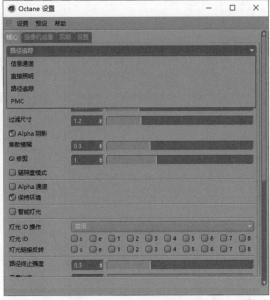

图2-31

信息通道

在"信息通道"模式下,可以输出更多类型的图像信息。例如"阴影法线""几何体法线""平滑法线""材质ID""渲染图层ID""灯光通道ID"等,如图2-32所示。这些类型的图像信息可用于后期合成,如图2-33所示。

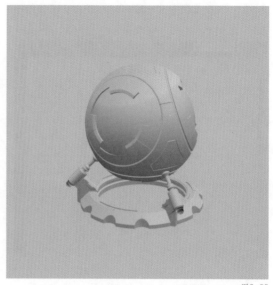

图2-32

图2-33

直接照明

在"直接照明"模式下，可以快速预览渲染结果，但这种渲染结果有偏差，并不真实。"Octane 设置"对话框中的参数如图2-34所示。在"直接照明"模式下，Live Viewer Studio 中的效果如图 2-35所示。

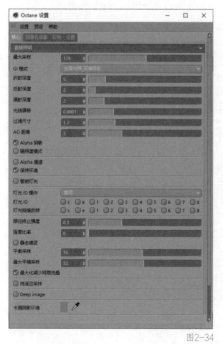

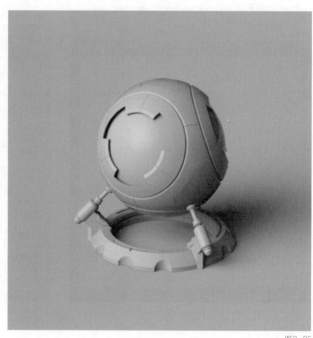

图2-34

图2-35

路径追踪

在"路径追踪"模式下，可以得到无偏差渲染结果，效果更加逼真，但这种模式相比"直接照明"模式将会增加更多的渲染时间。"Octane 设置"对话框中的参数如图2-36所示。在"路径追踪"模式下，Live Viewer Studio 中的效果如图2-37所示。

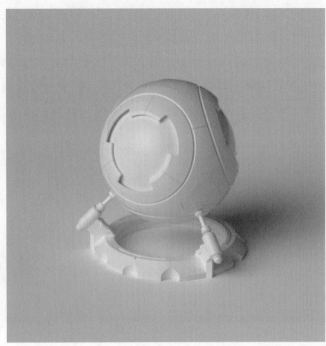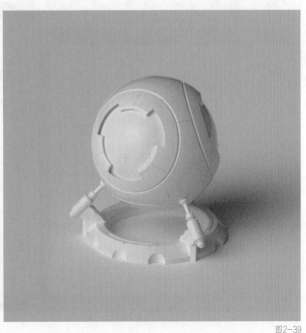

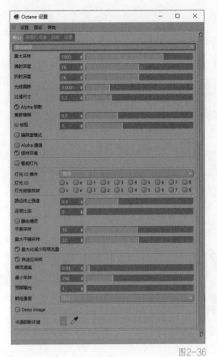

图2-36

图2-37

PMC

　　在"PMC"模式下，可以得到比"路径追踪"模式更加真实的渲染效果，但这种模式也会消耗更多的渲染时间。"Octane 设置"对话框中的参数如图2-38所示。在"PMC"模式下，Live Viewer Studio中的效果如图2-39所示。

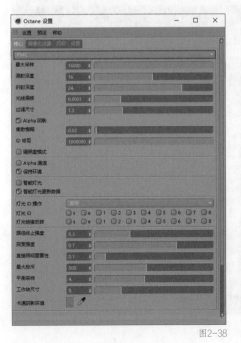

图2-38

图2-39

（2）最大采样

以"路径追踪"模式为例，增加"最大采样"的数值，将会有效地减少渲染效果中的噪点，同时也会增加渲染时间，如图2-40所示。通常来说，如果计算机配置高，可以将"最大采样"改为"2000"；如果计算机配置低，可以将"最大采样"改为"800"。图2-41所示的是"最大采样"为"10"的效果，图2-42所示的是"最大采样"为"1000"的效果。

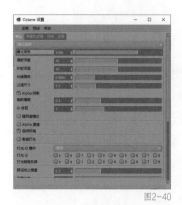

图2-40

图2-41

图2-42

（3）漫射深度与折射深度

漫射深度与折射深度用于控制光线在模型表面产生漫射与折射的强度。当漫射深度与折射深度的数值为0时，物体将会呈现黑色，如图2-43所示。当漫射深度与折射深度的数值大于0时，数值越大，物体的通透性越强，如图2-44所示。

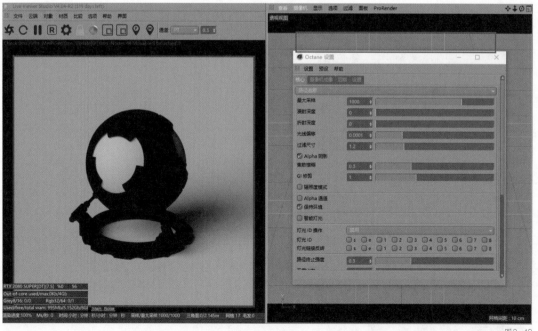

图2-43

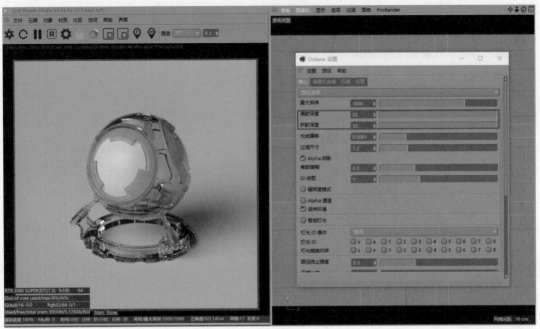

图2-44

（4）GI修剪

GI修剪用于减少画面中的噪点。当"GI修剪"值为1时画面中的噪点最少，当"GI修剪"值为1000000时画面中的噪点最多，如图2-45和图2-46所示。

图2-45

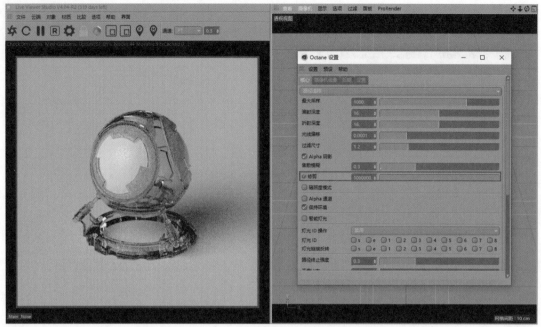

图2-46

（5）自适应采样

勾选"自适应采样"可以停止渲染重复渲染的区域，节省GPU空间，如图2-47所示。

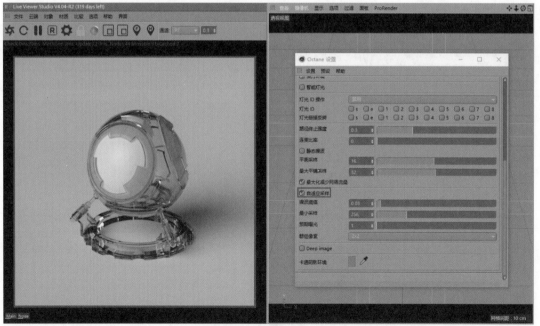

图2-47

6. 锁定 Live Viewer Studio

在Octane Render工具栏中单击"锁定Live Viewer Studio"按钮即可锁定Live Viewer Studio，如图2-48所示，配合"渲染通道"就可以调整Live Viewer Studio的大小。

7. 材质切换

在Octane Render工具栏中单击"材质切换"即可将材质改变为"反射材质""白模"或"漫射材质"。图2-49所示的为将材质设置成反射材质的效果，图2-50所示的为将材质设置成白模的效果，图2-51所示的为将材质设置成漫射材质的效果。

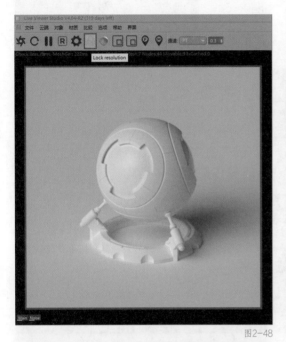
图2-48

图2-49

图2-50

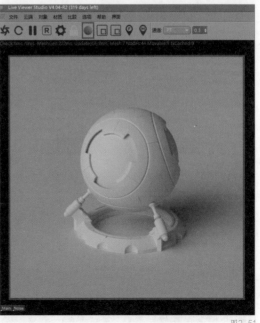
图2-51

8. 渲染区域选择

在Octane Render工具栏中单击"渲染区域选择"按钮即可在Live Viewer Studio中框选渲染区域，从而实现区域渲染，提高运算速度，如图2-52所示。

9. 景深选择

在Octane Render工具栏中单击"景深选择按钮"即可在Live Viewer Studio中选择景深点，如图2-53所示。然后配合摄像机的景深功能即可为场景增加景深效果，如图2-54所示。

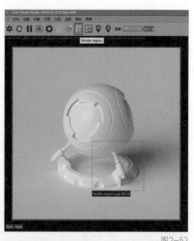

图2-52

图2-53

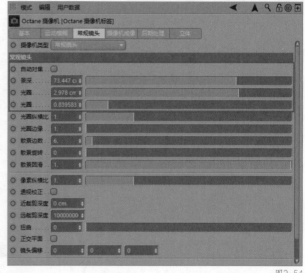

图2-54

图2-55

10. 材质选择

在Octane Render工具栏中单击"材质选择"按钮，然后在Live Viewer Studio中选择蓝色材质，如图2-55所示。材质窗口中的材质将会自动切换至蓝色材质，如图2-56所示。

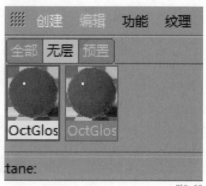

图2-56

提示 当场景中的材质过于复杂，无法快速找到某一物体的材质时，可使用该功能快速地找到目标材质。

2.2 自定义Octane Render界面

在使用Octane Render进行渲染工作时，每次都需要进行渲染前的设置工作。为了避免反复打开Octane Render菜单添加材质或灯光，用户可以自定义Octane Render工作界面，设置Octane Render工具栏及工作界面，以便提高工作效率。

2.2.1 设置Octane Render工具栏

01 在Cinema 4D界面中，选择"窗口 > 布局 > 自定义命令"（见图2-57）或使用组合键"Shift+F12"，打开"自定义命令"对话框。在"名称过滤"中输入"Octane"，"自定义命令"对话框中将自动检索出名称中带有Octane的所有工具，如图2-58所示。

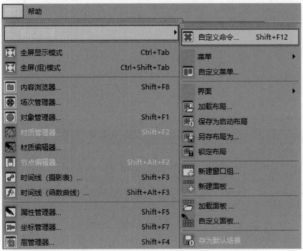

图2-57

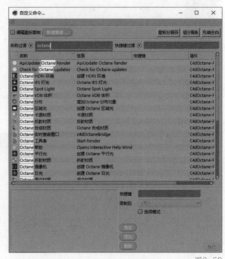

图2-58

图2-59

02 选择"自定义命令"对话框中的一个工具，例如"Octane 摄像机"，将其拖曳至Cinema 4D工具栏，当工具栏中显示蓝色色框时松开鼠标左键，即可将"Octane 摄像机"置入Cinema 4D工具栏，如图2-59所示。

03 使用同样的方法，将Octane Render中常用的工具置入Cinema 4D工具栏，包括Octane分布、Octane雾体积、Octane VDB体积、Octane混合材质、Octane金属材质、Octane折射材质、Octane反射材质、Octane漫射材质、日光、Octane区域光、Octane HDRI环境、Octane摄像机，它们从左到右依次排列在图2-60所示的工具栏中。

图2-60

提示 部分工具为Octane Render 4.0版本所有。

2.2.2 设置 Octane Render 工作界面

01 在 Cinema 4D 界面中，选择"Octane>Octane 实时查看窗口"打开"Live Viewer Studio"，如图 2-61 所示。

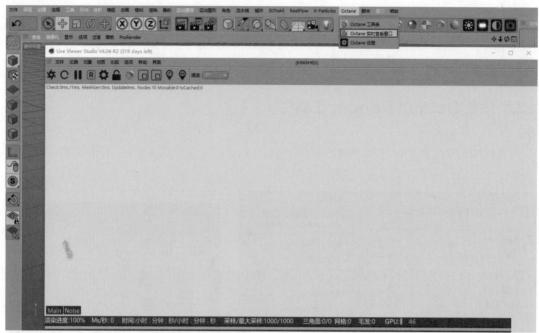

图2-61

02 按住图 2-62 中框住的按钮，将其拖曳至 Cinema 4D 界面的左侧，当出现一条黑线时松开鼠标左键，即可将"Live Viewer Studio"置入 Cinema 4D 界面，如图 2-63 所示。

图2-62

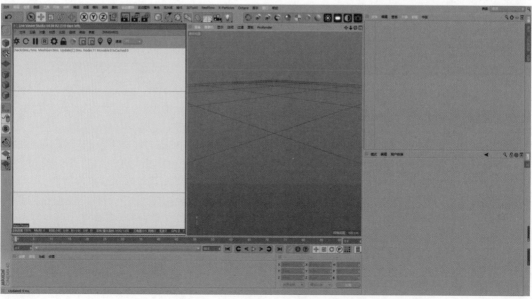

图2-63

03 在设置完Octane Render工具栏及工作界面后，选择"窗口>自定义布局>另存布局为"，如图2-64所示。在弹出的"保存界面布局"对话框中，编辑布局文件名，例如"OC界面布局"，然后单击"保存"，如图2-65所示。

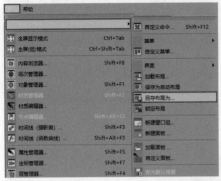

图2-64

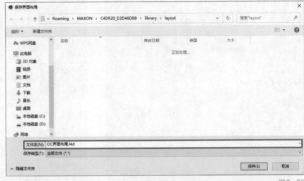

图2-65

04 选择"窗口>自定义布局>保存为启动布局"，如图2-66所示。在下一次使用Cinema 4D时，即可自动启动之前设置的界面布局。

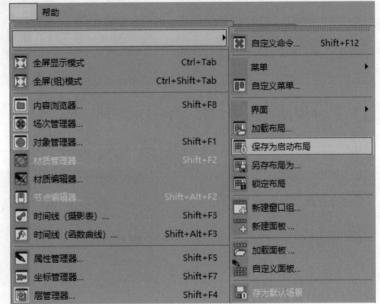

图2-66

2.2.3 设置 Octane Render 渲染参数

01 在"Octane设置"对话框中，将"核心"中的模式修改为"路径追踪"，设置"最大采样"为"2000"，"漫射深度"和"折射深度"均为"16"，"焦散模糊"为"0.3"，"GI修剪"为"1"，"平衡采样"为"16"，"最大平铺采样"为"32"，"噪波阈值"为"0.03"，勾选"自适应采样"，如图2-67所示。

02 在"Octane设置"对话框中，在"摄像机成像"中将"镜头滤镜"设置为"Linear（线性）""Gamma（伽马）"设置为"2.2"，如图2-68所示。

图2-67

图2-68

03 在"Octane 设置"对话框中，在"摄像机成像 > 降噪"中，勾选"启用降噪"，如图 2-69 所示。

提示 非 Octane Render 4.0 用户可跳过该步骤。

04 在"Octane 设置"对话框中，选择"预设 > 添加新预设"，如图 2-70 所示。在弹出的对话框中编辑预设名称，例如"OC 预设"，然后单击"添加预设"即可将"OC 预设"添加至预设库中，如图 2-71 所示。

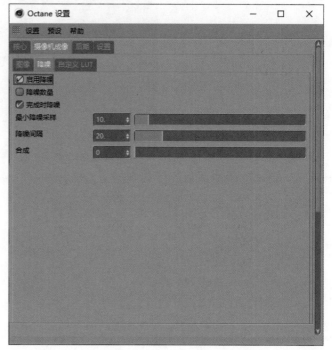

图2-69

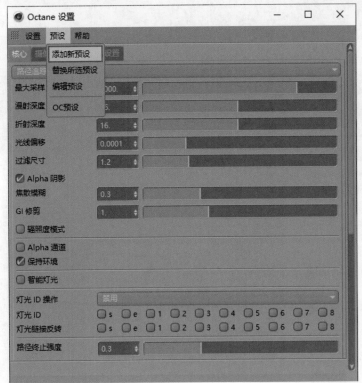

图2-70

图2-71

05 在之后使用 Octane Render 时，直接在"Octane 设置"对话框中选择"预设 >OC 预设"（见图 2-72）即可加载自定义的 Octane Render 界面，以免去烦琐的设置工作，提高工作效率。

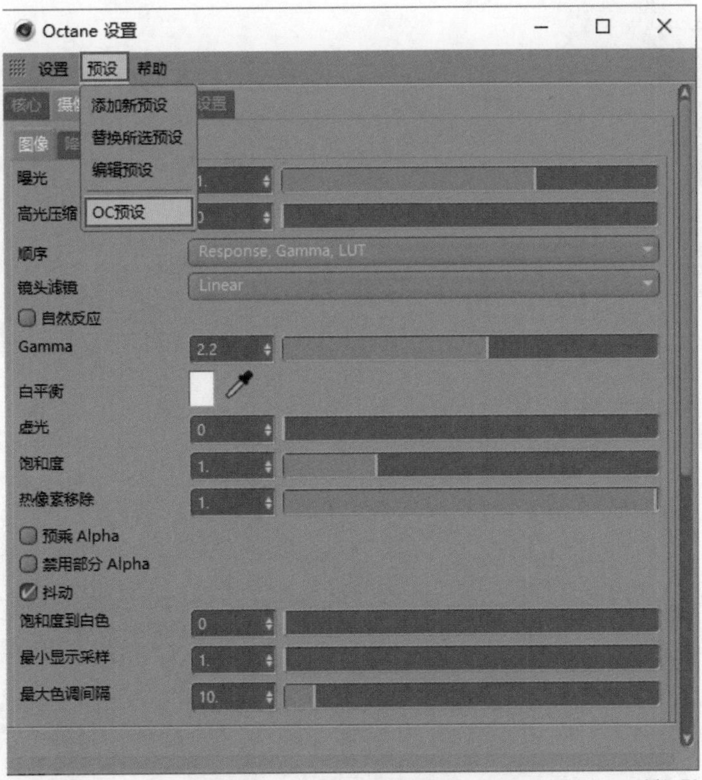

图2-72

第3章 Octane Render节点编辑功能

本章将详细讲解节点编辑器、材质节点、纹理节点、其他节点、生成节点，贴图节点、置换节点和发光节点等内容。通过对本章的学习，读者可以掌握节点编辑器各个节点的作用，并能够灵活地运用这些节点编辑材质。

3.1 节点编辑器

节点编辑器主要用于管理和编辑节点，如图3-1所示。相较于传统的层级材质编辑，使用编辑节点的方式创建材质，能完成更加复杂的材质的创建工作。

图3-1

3.1.1 打开节点编辑器的方法

第一种方法：在Live Viewer Studio中单击鼠标右键，在弹出的快捷菜单中选择"节点编辑器"，如图3-2所示。

第二种方法：在Octane Render菜单栏中选择"材质>Octane节点编辑器"，如图3-3所示。

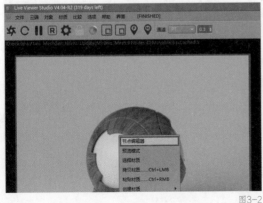

图3-2

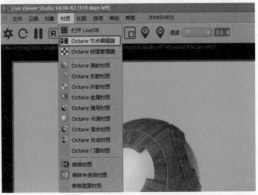

图3-3

第三种方法：任意创建一个材质，在材质编辑器中单击"节点编辑器"，如图3-4所示。

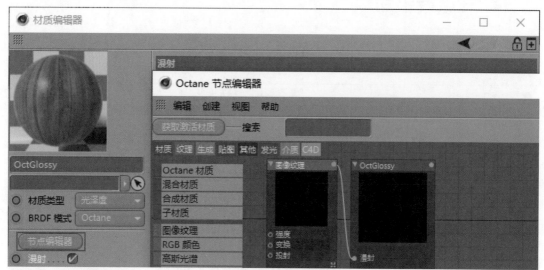

图3-4

3.1.2 节点编辑器界面

节点编辑器包含节点编辑器菜单栏、节点开关及节点工具栏、节点编辑界面、节点参数面板，如图3-5所示。

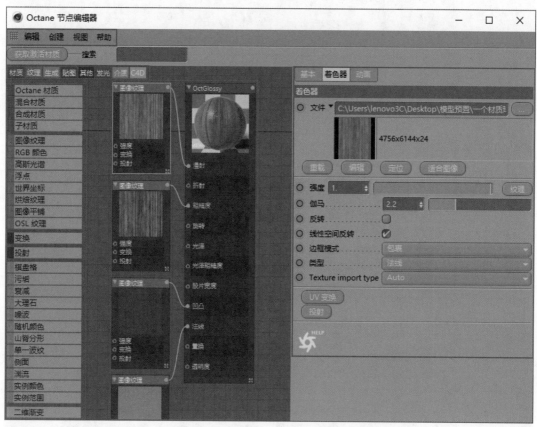

图3-5

1. 节点编辑器菜单栏

节点编辑器菜单栏包含"编辑""创建""视图""帮助"菜单，如图3-6所示。

图3-6

图3-7

（1）编辑

在"编辑"中需要读者了解的是"自动加载材质"，如图3-7所示。

勾选"自动加载材质"后，在材质窗口中选择木纹材质，节点编辑器会自动加载"木纹材质"，如图3-8所示。当选择玻璃材质时，节点编辑器会自动加载"玻璃材质"，如图3-9所示。

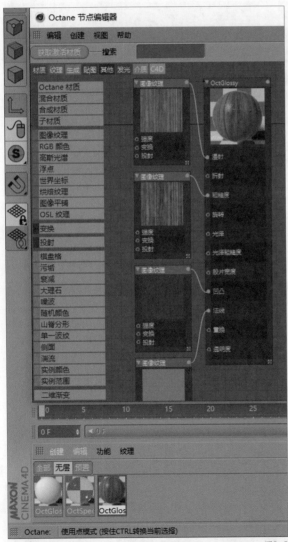

图3-8

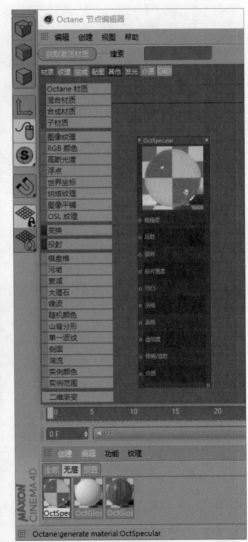

图3-9

（2）创建

在"创建"中可以创建节点工具栏中的节点，例如"材质""纹理""发光"等节点，如图3-10所示。

（3）视图

在"视图"中需要读者掌握的是"自动排列所选"以及"子级选择"功能，如图3-11所示。

图3-10

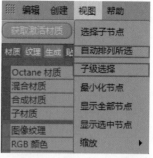

图3-11

● 自动排列所选：该功能可以用来整理节点编辑界面中混乱的节点，如图3-12和图3-13所示。

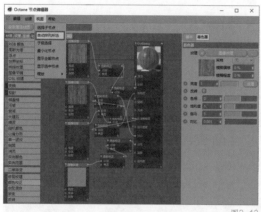

图3-12

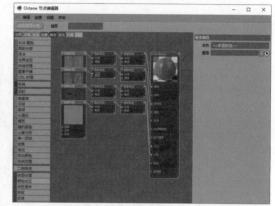

图3-13

● 子级选择：该功能可以用来一键选择位于同一行的节点，如图3-14所示。

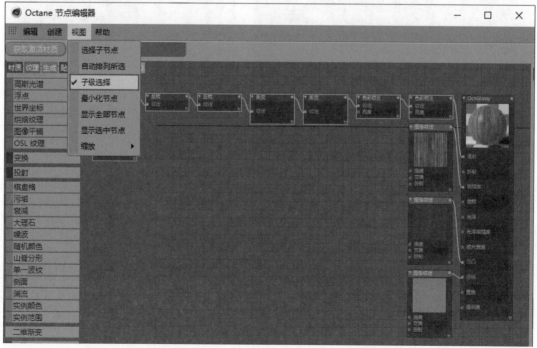

图3-14

2. 节点开关及节点工具栏

Octane Render使用8种不同的颜色来控制节点工具栏的开启与隐藏。红色色块代表"材质"节点，蓝色色块代表"纹理"节点，绿色色块代表"生成"节点，深红色色块代表"贴图"节点，黑色色块代表"其他"节点，紫色色块代表"发光"节点，青色色块代表"介质"节点，灰色色块代表"C4D"自带节点，如图3-15至图3-22所示。

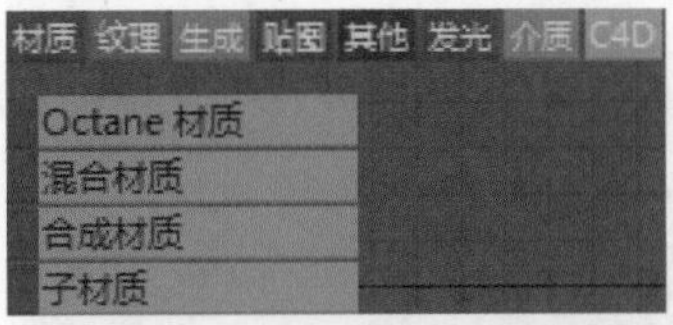

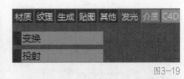

图3-19

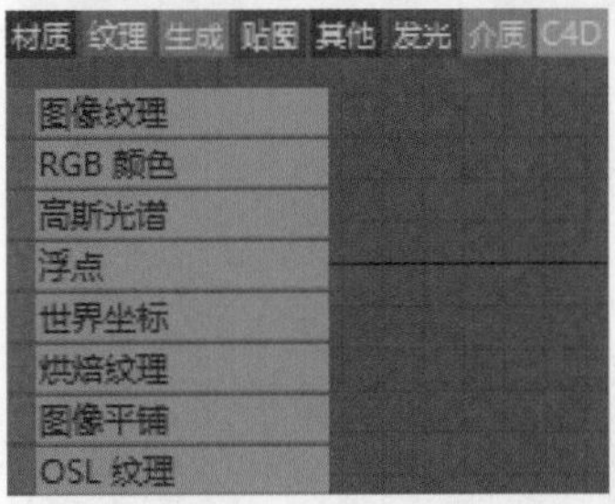

图3-20

图3-21

图3-17

图3-22

图3-15

图3-16

图3-18

3. 节点编辑界面

在节点编辑界面，每个节点具有输入和输出两种属性，可以通过相互连接影响材质，如图3-23所示。

4. 节点参数面板

每个节点都拥有自己的节点参数面板，在节点参数面板中可以修改节点参数，如图3-24所示。

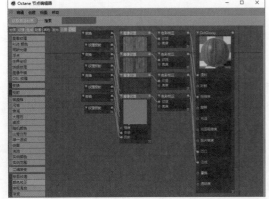

图3-23

图3-24

3.2 材质节点

材质节点包含"Octane材质""混合材质""合成材质""子材质"，如图3-25所示。

图3-25

3.2.1 Octane 材质

Octane材质默认为漫射材质，在节点参数面板中的"基本＞材质类型"中，可以任意选择材质类型（如光泽度、镜面、金属、二维、通用），如图3-26所示。

图3-26

3.2.2 混合材质

混合材质为将两种Octane材质通过任意一张带有黑白信息的贴图或纹理作为数量混合得到的一种新材质，如图3-27所示，效果如图3-28所示。

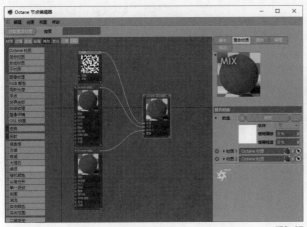

图3-27

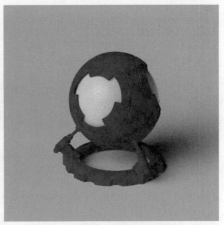

图3-28

提示 当使用"混合材质"时，如果需要使用"置换"节点，不仅需要将"置换纹理"连接到子级材质的"置换"通道，同时也需要连接到混合材质的"置换"通道，这样子级材质上才会产生置换效果，如图3-29所示，效果如图3-30所示。

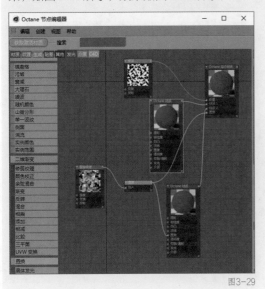

图3-29

图3-30

3.2.3 子材质与合成材质

合成材质与混合材质类似，区别在于合成材质需要结合子材质使用。在使用合成材质时，可将合成材质理解为混合材质，子材质理解为Octane材质。将两种子材质通过任意一张带有黑白信息的贴图或纹理作为数量合成得到的一种新材质即为合成材质。合成材质的效果与混合材质相同，如图3-31所示，效果如图3-32所示。

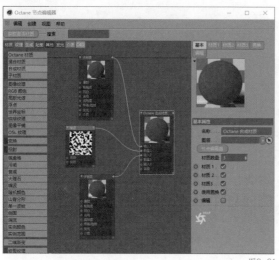

图3-31

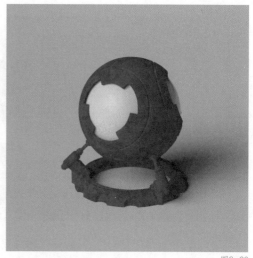

图3-32

提示 当使用"合成材质"时，如果需要使用"置换"节点，则需要将"置换纹理"连接到合成材质的"置换"通道上，才会产生置换效果，如图3-33所示，效果如图3-34所示。

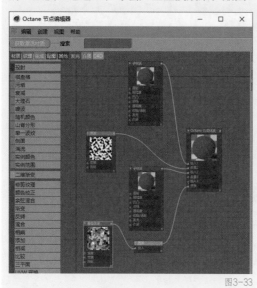

图3-33

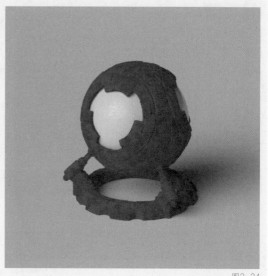

图3-34

3.3 纹理节点

纹理节点中包含"图像纹理""RGB颜色""高斯光谱""浮点""世界坐标""烘焙纹理""图像平铺""OSL纹理"，如图3-35所示。

3.3.1 图像纹理

"图像纹理"节点用于承载任意外部贴图，输入通道包含"强度""变换""投射"，如图3-36所示。

材质	纹理	生成	贴图	其他	发光	介质	C4D
图像纹理							
RGB 颜色							
高斯光谱							
浮点							
世界坐标							
烘焙纹理							
图像平铺							
OSL 纹理							

图3-35

图3-36

1. 文件

　　"文件"中包含贴图的名称、尺寸大小。单击文件后面的扩展（"下三角"）按钮可以更换贴图，如图3-37所示。

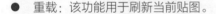

图3-37

- 重载：该功能用于刷新当前贴图。
- 编辑：该功能用于继续编辑当前贴图。
- 定位：该功能用于定位当前贴图所在文件夹。
- 适合图像：该功能用于改变当前贴图的UV变化。

2. 强度

　　"强度"用于控制贴图的亮度。"强度"的数值越小，贴图的亮度越低；反之贴图的亮度越高。将"强度"设置为"0.5"（见图3-38）的效果如图3-39所示。将"强度"设置为"1"（见图3-40）的效果如图3-41所示。

图3-38

图3-39

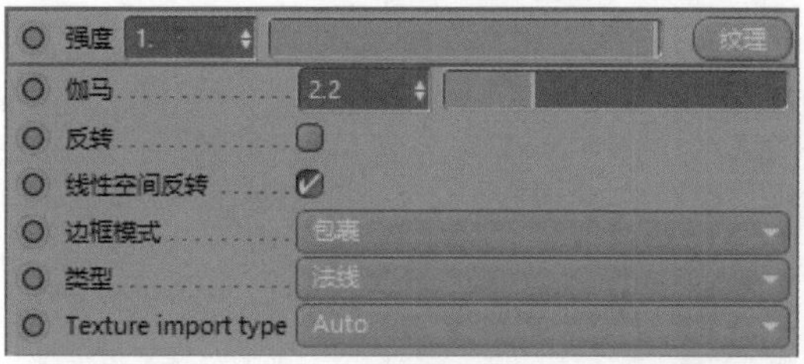

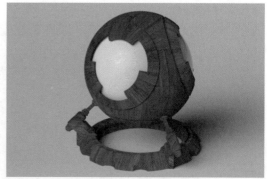

图3-40

图3-41

3.伽马

　　"伽马"用于控制贴图中的黑白信息。将"伽马"的数值逐渐减小，贴图中的黑色信息和灰色信息就会逐渐变成白色信息；反之，贴图中的白色信息和灰色信息就会逐渐变成黑色信息。将"伽马"设置为"0.1"（见图3-42）的效果如图3-43所示。将"伽马"设置为"8"（见图3-44）的效果如图3-45所示。

图3-42

图3-44

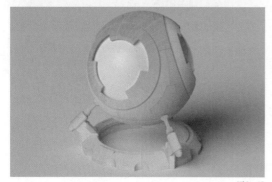

图3-43

图3-45

提示 当"伽马"值为"2.2"时（见图3-46），贴图中的黑白信息可以达到平衡，如图3-47所示。对于不同的贴图，"伽马"值产生的效果也不同，有时也可以改变贴图的饱和度、明度、强度。

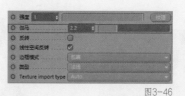

图3-46

图3-47

4.反转

"反转"用于反转贴图中的黑白信息。取消勾选"反转"的效果如图3-48所示。勾选"反转"的效果如图3-49所示。

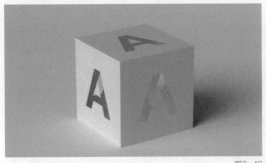

图3-48

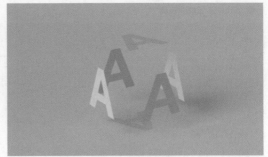

图3-49

5.边框模式

"边框模式"中包含"包裹""黑色""白色""修剪值""镜像"5种模式,用于修改贴图在模型上的投射模式,如图3-50所示。

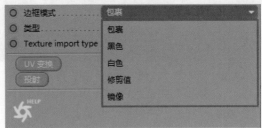

图3-50

6.类型

"类型"中包含"法线""浮点""Alpha"。"法线"可以显示贴图的颜色信息,"浮点"可以显示贴图的灰度信息,"Alpha"可以显示透明度信息,如图3-51所示。

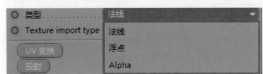

图3-51

7.UV变化和投射

"UV变化"用于修改贴图在模型上的大小、方向、位置,"投射"用于修改贴图在模型上的投射方式,如图3-52所示。

图3-52

3.3.2 RGB 颜色

"RGB颜色"节点用于输出任意一种颜色信息。单击图3-53所示区域,即可进入"颜色拾取器",通过不同的调色方式修改颜色,如图3-54所示。

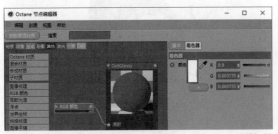

图3-53

图3-54

3.3.3 高斯光谱

"高斯光谱"节点通过使用"波长""宽度""强度"输出颜色信息，如图3-55所示。

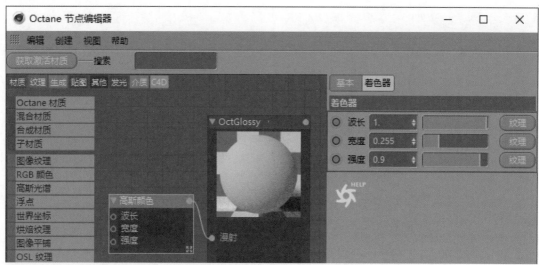

图3-55

- 波长：该数值用于控制颜色的色相，最小值为"0"，最大值为"1"。
- 宽度：该数值用于控制颜色的饱和度，最小值为"0"，最大值为"1"；当数值为"0"时呈现黑色，当数值为"1"时呈现白色。
- 强度：该数值用于控制颜色的明度，最小值为"0"，最大值为"1"；当数值为"0"时呈现黑色，当数值为"1"时呈现白色。

3.3.4 浮点

"浮点"节点是一个功能非常强大的节点。

"浮点"节点本身代表一张带有黑白信息的贴图，最小值为"0"，最大值为"1000"。当"浮点"为"0"时（见图3-56），呈现黑色，效果如图3-57所示；当"浮点"为"1000"时（见图3-58），呈现白色，效果如图3-59所示。

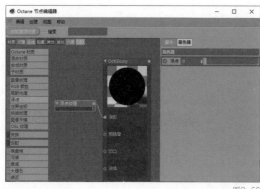

图3-56

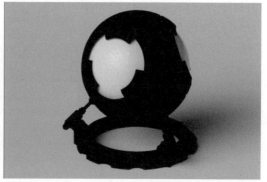

图3-57

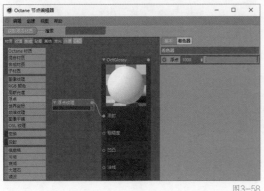

图3-58

图3-59

　　"浮点"节点还可以代表任意参数。例如，当"浮点"节点连接在"强度"通道上时，即可用于驱动"强度"通道的参数，如图3-60所示。

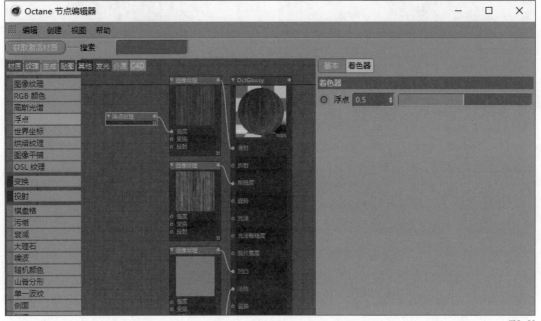

图3-60

3.3.5 世界坐标

　　"世界坐标"节点可以被用来优化毛发材质。例如，将"渐变"节点连接至"漫射"通道并将梯度修改为由蓝至红，如图3-61所示。而Live Viewer Studio中的毛发并没有产生明显渐变，如图3-62所示。此时，可以将"世界坐标"节点连接至"渐变"节点上（见图3-63），即可优化Live Viewer Studio中毛发的渐变效果，如图3-64所示。

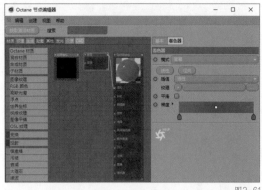

图3-61

图3-62

图3-63

图3-64

3.3.6 烘焙纹理

　　"烘焙纹理"节点可以用来将程序纹理烘焙成图像纹理。例如，将"噪波"直接通过"置换"节点连接至"置换"通道，如图3-65所示。此时，Live Viewer Studio中的效果如图3-66所示。为了不出现上述效果，可以将"噪波"先连接到"烘焙纹理"节点上，然后再通过"置换"节点连接至"置换"通道，如图3-67所示。这样就将程序纹理烘焙成了图像纹理，从而使Live Viewer Studio中呈现置换效果，如图3-68所示。

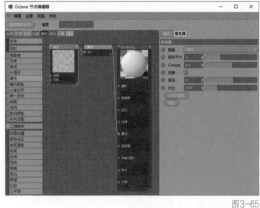

图3-65

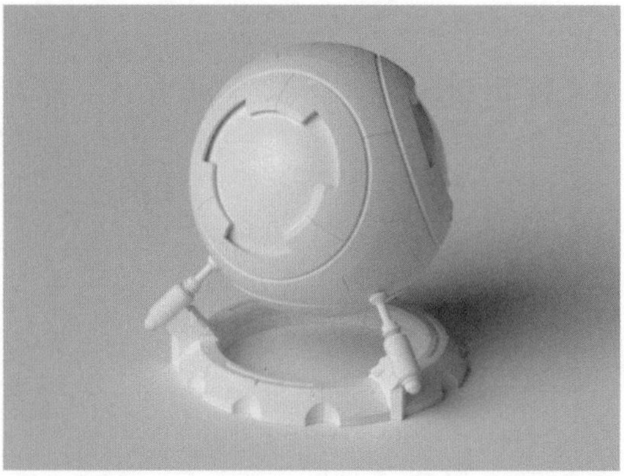

图3-66

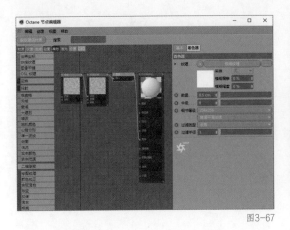

图3-67

图3-68

3.3.7 OSL 纹理

"OSL 纹理"节点是通过代码编写出来的材质，在"Script presets"中可以修改预设，得到不同的纹理效果，如图3-69所示。

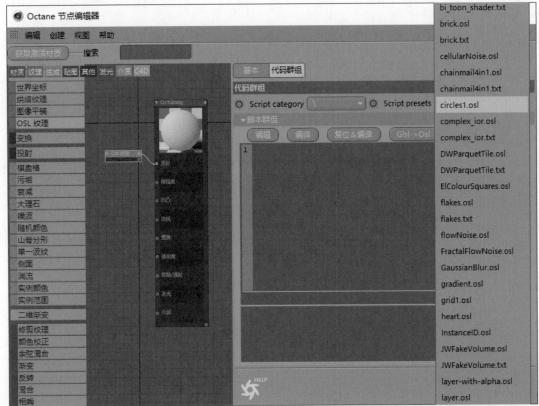

图3-69

例如，在"代码群组"中选择"Script presets>brick.osl"，如图3-70所示。Live Viewer Studio中的效果如图3-71所示。

图3-70

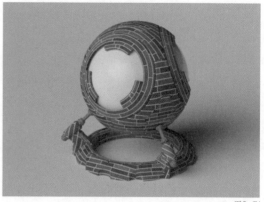

图3-71

3.4 其他节点

"其他"节点中包含"变换""投射"，如图3-72所示。

图3-72

3.4.1 变换

"变换"节点可以用来修改纹理在模型上的方向、大小、位置，包含5种类型，即"2D变换""3D旋转""3D比例""3D变换""变换数值"，如图3-73所示。

● 2D变换：在"2D变换"模式下，修改"R.X""R.Y""S.Z""T.Z"这4个数值并不会产生效果，如果需要旋转纹理只能使用"R.Z"，如果需要缩放纹理只能使用"S.X""S.Y"，如果需要移动纹理只能使用"T.X""T.Y"，如图3-74所示。

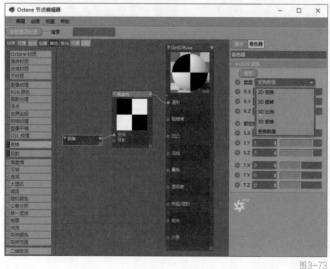

图3-73

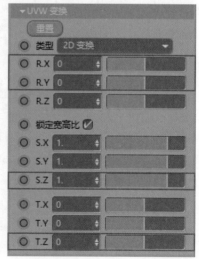

图3-74

● 3D旋转：在"3D旋转"模式下，只显示旋转参数。通过调整"R.X""R.Y""R.Z"的数值，可以旋转纹理的方向，如图3-75所示。

● 3D比例：在"3D比例"模式下，只显示缩放参数。通过调整"S.X""S.Y""S.Z"的数值，可以缩放纹理的大小，如图3-76所示。

- 3D变换：在"3D变换"模式下，可显示旋转、缩放、移动参数。通过调整数值，可以旋转纹理方向、缩放纹理大小、移动纹理位置，如图3-77所示。

- 变换数值："变换数值"模式类似于"3D变换"模式，如图3-78所示。

  R.X：沿X轴方向旋转。

  R.Y：沿Y轴方向旋转。

  R.Z：沿Z轴方向旋转。

  S.X：沿X轴方向缩放。

  S.Y：沿Y轴方向缩放。

  S.Z：沿Z轴方向缩放。

  T.X：沿X轴方向移动。

  T.Y：沿Y轴方向移动。

  T.Z：沿Z轴方向移动。

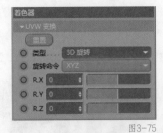

图3-75

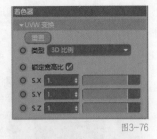

图3-76

图3-77

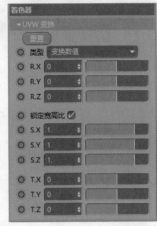

图3-78

3.4.2 投射

"投射"节点可以用来修改纹理在模型上的投射方式，一共有9种纹理投射方式，即"盒子""圆柱体""网络UV""Osl投射""OSL延迟UV""透视""球形""三平面""XYZ到UVW"，如图3-79所示。

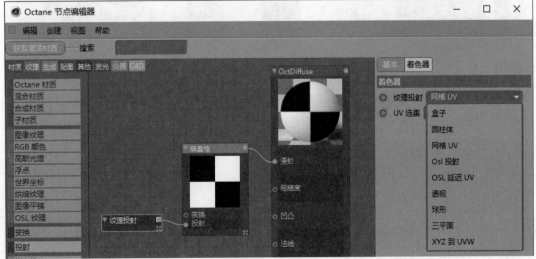

图3-79

● 盒子：纹理以立方体的形状投射到物体上，是适应性较好的投射方式，如图3-80所示。

图3-80

● 圆柱体：纹理以圆柱体的形状投射到物体上，如图3-81所示。

图3-81

● 网络UV：纹理以网格UV的形状投射到物体上，同时也是默认的投射方式。如果网格UV的投射方式出现错误，可以通过展UV的方式进行调整，如图3-82所示。

图3-82

● Osl投射与OSL延迟UV：Octane render4.0的新功能，以编写代码的方式进行纹理投射，如图3-83和图3-84所示。

图3-83

图3-84

- 透视：纹理以透视的方式投射到物体上，如图3-85所示。

图3-85

- 球形：纹理以球体的形状投射到物体上，如图3-86所示。

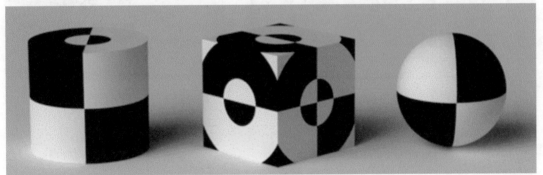

图3-86

- 三平面：以三平面的方式，从X、Y、Z 3个轴向进行纹理投射。
- XYZ到UVW：根据当前对象坐标以及世界坐标进行纹理投射，类似于盒子，如图3-87所示。

图3-87

3.5 生成节点

"生成"节点中包含"棋盘格""污垢""衰减""大理石""噪波""随机颜色""山脊分形""单一波纹""侧面""湍流""实例颜色""实例范围"，如图3-88所示。

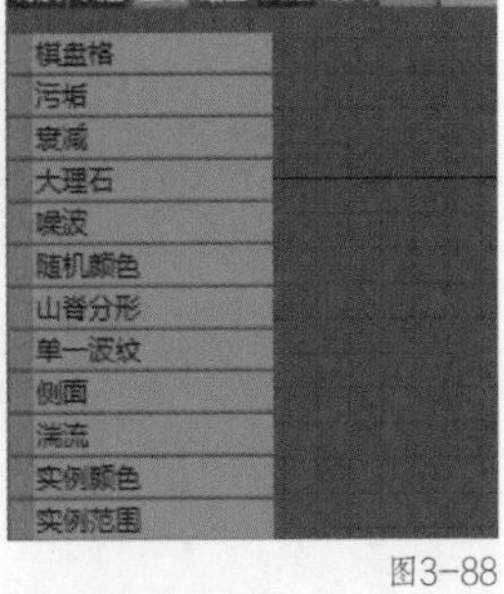

图3-88

3.5.1 棋盘格

"棋盘格"节点代表一张棋盘（黑白格）纹理，可连接到任意通道上，可以通过变换和投射调整纹理方向、大小、位置和投射方式，如图3-89所示，效果如图3-90所示。

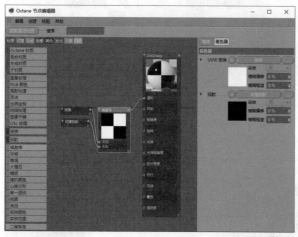

图3-89   图3-90

3.5.2 污垢

"污垢"节点可以模拟物体表面凹陷或凸起处的污垢效果，在参数面板中可以修改"强度""细节""半径""公差""翻转法线"，如图3-91所示。

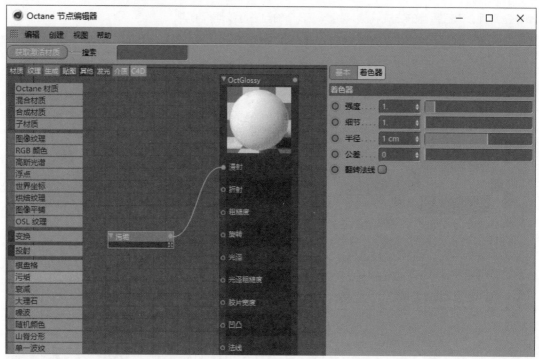

图3-91

● 强度：该参数可以用来修改污垢在物体表面凹陷或凸起处的强度。"强度"的最小值为"0.1"，最大值为"10"。"强度"的数值越小，污垢效果越不明显；"强度"的数值越大，污垢效果越明显。

当"强度"为"0.1"时（见图3-92），物体表面凹陷处不会产生污垢效果，如图3-93所示。当"强度"为"10"时（见图3-94），物体表面凹陷处产生明显污垢效果，如图3-95所示。

图3-92

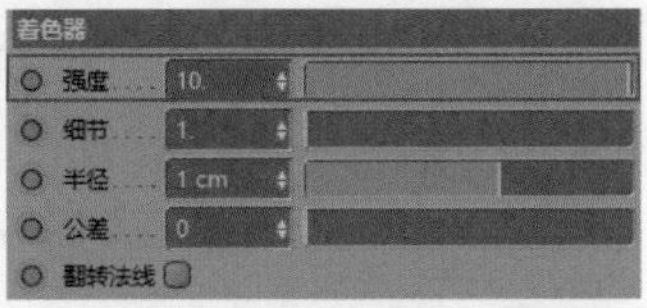

图3-94

图3-93

图3-95

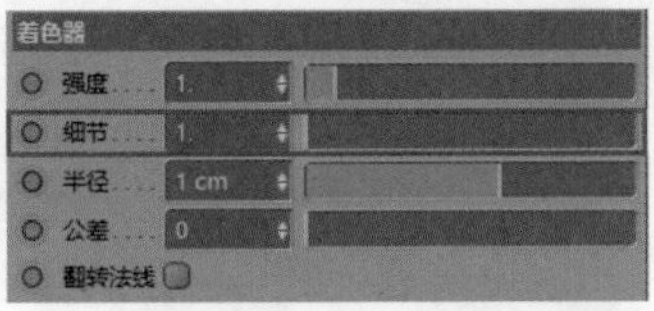

- 细节：该参数可以用来修改污垢在物体表面凹陷或凸起处的细节。"细节"的最小值为"1"，最大值为"100"。"细节"的数值越小，污垢的细节度越差；"细节"的数值越大，污垢的细节度越好。当"细节"为"1"时（见图3-96），物体表面凹陷处只有细微的细节，如图3-97所示。当"细节"为"100"时（见图3-98），物体表面凹陷处产生明显的细节，如图3-99所示。

图3-96

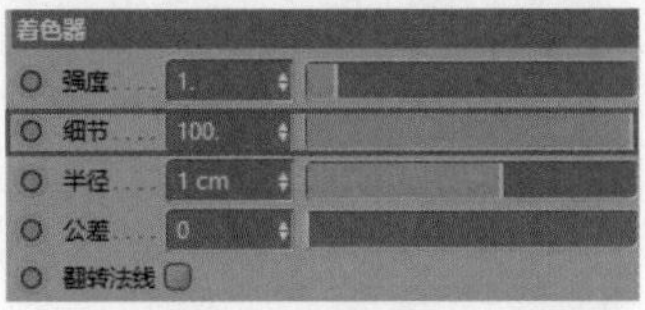

图3-98

图3-97

图3-99

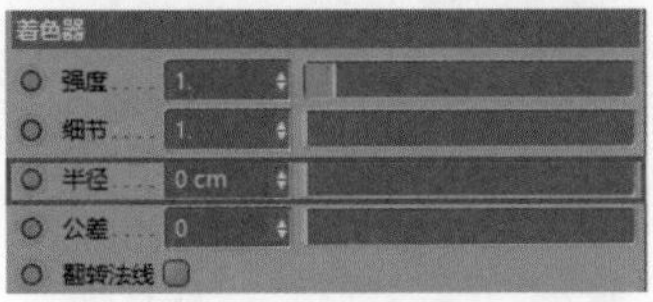

- 半径:该参数可以用来修改污垢在物体表面凹陷或凸起处的半径。"半径"的最小值为"0 cm"，最大值为"100000 cm"。"半径"的数值越小，污垢的半径越小；"半径"的数值越大，污垢的半径越大。当"半径"为"0 cm"时（见图3-100），物体表面凹陷处不会产生污垢效果，如图3-101所示。当"半径"为"100000 cm"时（见图3-102），物体表面凹陷处产生明显污垢效果，如图3-103所示。

图3-100

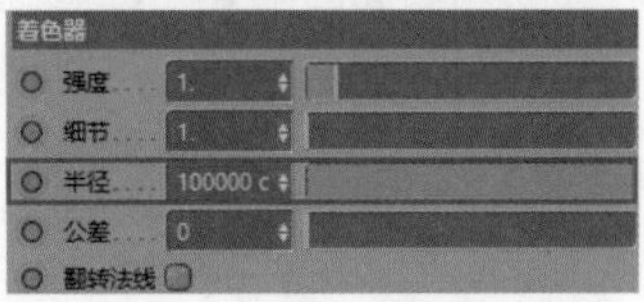

图3-102

图3-101

图3-103

● 公差：该参数可以用来修改
污垢在物体表面凹陷或凸起
处的柔和度。"公差"的最小
值为"0"，最大值为"0.3"。
"公差"的数值越小，污垢
效果越柔和；"公差"的数值
越大，污垢效果越锋利。当
"公差"为"0"时（见图
3-104），物体表面凹陷处会
产生柔和的污垢效果，如图
3-105所示。当"公差"为
"0.15"时（见图3-106），
物体表面凹陷处产生明显污
垢效果，如图3-107所示。

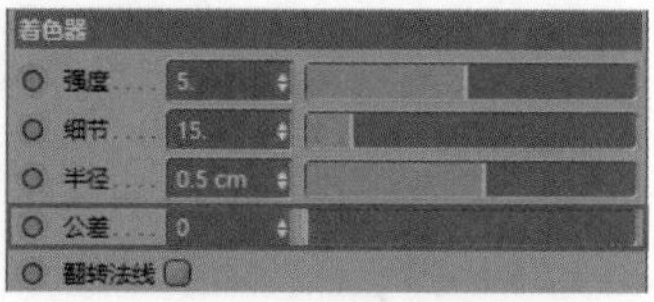

图3-104

图3-106

图3-105

图3-107

图3-108

图3-110

● 翻转法线：勾选"翻转法线"
可以反转物体表面的凹陷处
和凸起处，从而反转污垢的
分布。取消勾选"翻转法线"
时（见图3-108），物体表面
凹陷处和凸起处的分布效果
如图3-109所示。勾选"翻
转法线"时（见图3-110），
物体表面凹陷处和凸起处的
分布效果如图3-111所示。

图3-109

图3-111

提示 "污垢"节点还可以作为一张带有黑白信息的纹理使用。例如，将"污垢"节点连接至混合材质的"数量"通道上，如图3-112所示。通过调整"污垢"节点的参数，可以控制红色材质和蓝色材质在物体表面的分布，如图3-113所示。

图3-112

图3-113

3.5.3 衰减

"衰减"节点可以用来模拟"菲涅耳效应"。在真实世界中，物质均有不同程度的"菲涅耳效应"。当视线垂直于物体表面时，反射看起来较弱；而当视线不垂直于物体表面时，夹角越小，反射看起来越明显。例如，当你站在湖边，低头看脚下的水，你会发现水是透明的，反射不是特别强烈；但你看远处的湖面，会发现水并不是透明的，反射非常强烈，这就是"菲涅耳效应"。

在参数面板中可以修改"模式""最小数值""最大数值""衰减歪斜因子""衰减方向"，如图3-114所示。

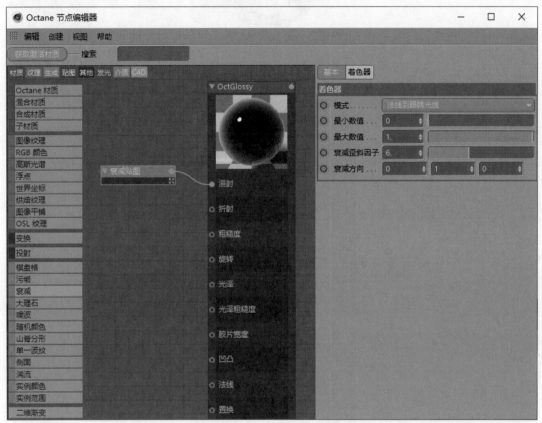

图3-114

- 模式："衰减"节点包含3种模式，分别为"法线到眼睛光线""法线到矢量90度""法线到矢量180度"。通常使用默认模式"法线到眼睛光线"，如图3-115所示。

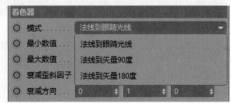

图3-115

- 最小数值："最小数值"的最小值为"0"，最大值为"1"。当"最小数值"为"0"时（见图3-116），效果为黑色，如图3-117所示。当"最小数值"为"1"时（见图3-118），效果为白色，如图3-119所示。中间数值呈现灰色。
- 最大数值："最大数值"类似于"最小数值"。当"最大数值"为"0"，"最小数值"为"1"时，效果为白色；当"最大数值"为"1"，"最小数值"为"0"时，效果为黑色。当"最大数值"和"最小数值"均为"0"时，效果为黑色；当"最大数值"和"最小数值"均为"1"时，效果为白色。

- 衰减歪斜因子："衰减歪斜因子"只有在"最大数值"和"最小数值"不相同时才会产生效果。

图3-116

- 衰减方向：通常保持默认数值。

图3-118

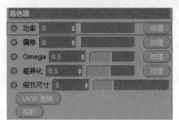

图3-117

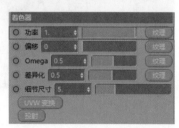

图3-119

3.5.4 大理石

"大理石"节点是程序自带的纹理。在参数面板中可以修改其"功率""偏移""Omega""差异化""细节尺寸""UVW变换""投射"，如图3-120所示。

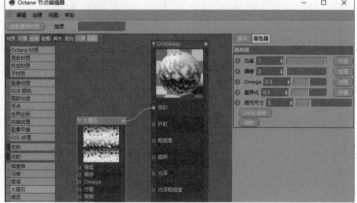

图3-120

- 功率：该参数可以用来控制纹理的强度。"功率"的最小值为"0"，最大值为"1"。当"功率"为"0"时（见图3-121），纹理呈现黑色，如图3-122所示。当"功率"为"1"时（见图3-123），纹理呈现正常强度，如图3-124所示。

图3-121

图3-123

图3-122

图3-124

● 偏移: 该参数可以用来控制纹理的位置。"偏移"的最小值为"0",最大值为1。当"偏移"为"0"时(见图3-125),纹理效果如图3-126所示。当"偏移"为"1"时(见图3-127),纹理效果如图3-128所示。

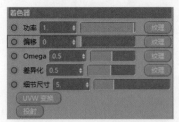

图3-125

图3-127

图3-126

图3-128

● Omega: 该参数可以用来控制纹理的细节层次。"Omega"的最小值为"0",最大值为"1"。当"Omega"为"0"时(见图3-129),纹理效果如图3-130所示。当"Omega"为"1"时(见图3-131),纹理效果如图3-132所示。

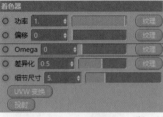

图3-129

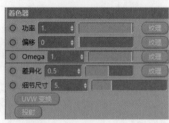

图3-131

图3-130

图3-132

● 差异化: 该参数可以用来控制纹理的差异程度。"差异化"的最小值为"0",最大值为"1"。当"差异化"为"0"时(见图3-133),纹理效果如图3-134所示。当"差异化"为"1"时(见图3-135),纹理效果如图3-136所示。

● 细节尺寸: 该参数可以用来控制纹理的细节尺寸。"细节尺寸"的最小值为"1",最大值为"16"。当"细节尺寸"为"1"时(见图3-137),纹理效果如图3-138所示。当"细

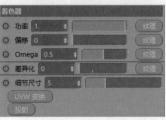

图3-133

图3-135

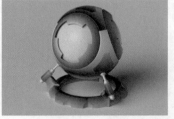

图3-134

图3-136

节尺寸"为"16"时（见图3-139），纹理效果如图3-140所示。

● UVW变换和投射：该参数可以为纹理增加"变换""投射"节点，如图3-141所示。

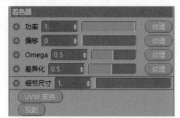

图3-137

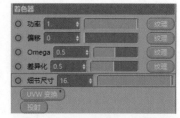

图3-139

图3-138

图3-140

图3-141

提示　"大理石"节点还可以作为一张带有黑白信息的纹理连接至"粗糙度"和"凹凸"通道，如图3-142所示，效果如图3-143所示。

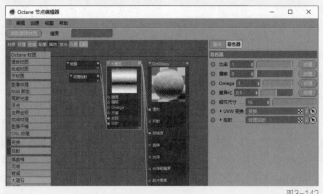

图3-142

图3-143

3.5.5 噪波

"噪波"节点与"大理石"节点类似，都是程序自带的纹理，在参数面板中可以修改其"类型""细节尺寸""Omega""反转""伽马""对比"，如图3-144所示。

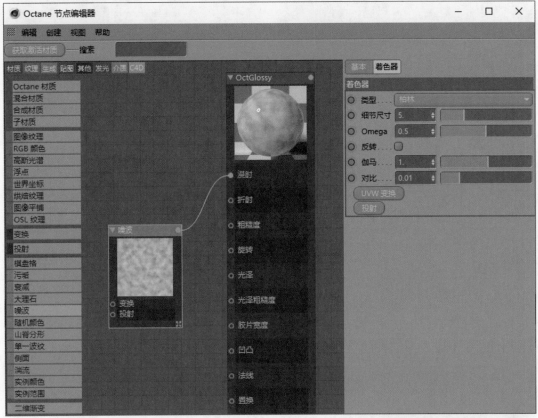

图3-144

● 类型："类型"中包含4种模式，分别为"柏林""湍流""循环""碎片"，如图3-145所示，效果分别如图3-146～图3-149所示。

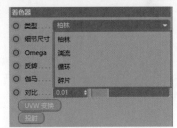

图3-145

图3-146

图3-147

图3-148　　　　　　　　　　　　　　　　　　　图3-149

- 细节尺寸：该参数可以用来控制纹理的细节尺寸。
- Omega：该参数可以用来控制纹理的细节层次。
- 反转：该参数可以反转纹理中的黑白信息。勾选"反转"的效果如图3-150所示，取消勾选"反转"的效果如图3-151所示。

图3-150　　　　　　　　　　　　　　　　　　　图3-151

- 伽马：该参数可以改变纹理中的黑白信息。"伽马"的最小值为"0.01"，最大值为"100"。当"伽马"为"0.01"时（见图3-152），效果如图3-153所示。当"伽马"为"100"时（见图3-154），效果如图3-155所示。

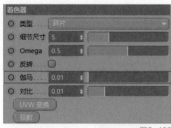

图3-152

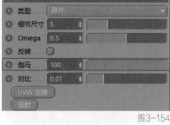

图3-154

图3-153

图3-155

- 对比: 该参数可以修改纹理的对比度。"对比"的最小值为"0.001",最大值为"1000"。当"对比"为"0.001"时(见图3-156),效果如图3-157所示。当"对比"为"1000"时(见图3-158),效果如图3-159所示。

图3-156

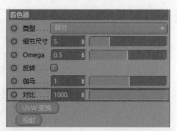

图3-158

- UVW变换和投射: 该参数可以为纹理增加"变换""投射"节点。

图3-157

图3-159

3.5.6　随机颜色

"随机颜色"节点在克隆模式下可以让材质显示任意一种随机颜色。将"随机颜色"节点直接连接至"漫射"通道上(见图3-160),材质将显示黑/白/灰3种信息通道中的任意一种,效果如图3-161所示。将"随机颜色"节点先连接至"渐变"节点上,然后再连接至"漫射"通道上(见图3-162),材质将显示"梯度"中的任意一种颜色,如图3-163所示。

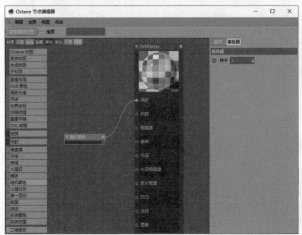

图3-160

图3-161

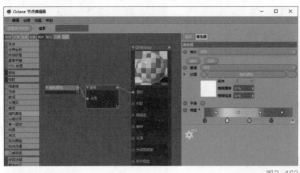

图3-162

图3-163

提示 在克隆模式中选择"渲染实例"，"随机颜色"节点才会有效果，如图3-164所示。

图3-164

3.5.7 山脊分形

"山脊分形"节点与"噪波""大理石"节点类似，都是程序自带的纹理，在参数面板中可以修改其"功率""偏移""分形间隙大小""细节尺寸""UVW变换""投射"，如图3-165所示。

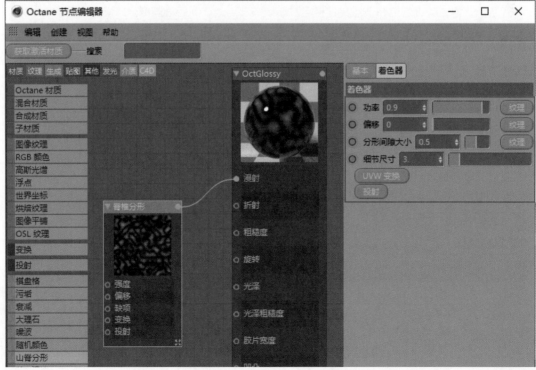

图3-165

- 功率：该参数可以用来控制纹理的强度。

- 偏移：该参数可以用来控制纹理的位置。

- 细节尺寸：该参数可以用来控制纹理的细节尺寸。

- UVW变换和投射：该参数可以为纹理增加"变换""投射"节点。

- 分形间隙大小：该参数可以修改纹理的间隙大小。"分形间隙大小"的最小值为"0"，最大值为"1"。当"分形间隙大小"为"0"时（见图3-166），效果如图3-167所示。当"分形间隙大小"为"1"时（见图3-168），效果如图3-169所示。

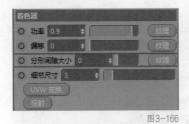

图3-166

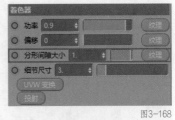

图3-168

图3-167

图3-169

3.5.8 单一波纹

"单一波纹"节点可以将纹理以正弦波的方式投射到物体上。在参数面板中可以修改其"偏移""变换""投射""类型"，如图3-170所示。

图3-170

● 偏移：该参数可以通过一张带有黑白信息的纹理影响"单一波纹"的偏移（见图3-171），对比效果如图3-172和图3-173所示。

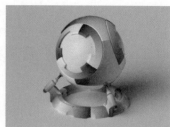

图3-172

图3-173

图3-171

● 类型："类型"中包含3种模式，分别为"单一波纹""三角波纹""锯齿波纹"（见图3-174），效果分别如图3-175～图3-177所示。

● 变换和投射：该参数可以为纹理增加"变换""投射"节点。

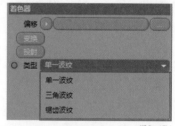

图3-174

图3-175

图3-176

图3-177

3.5.9 侧面

"侧面"节点可以根据法线方向控制颜色。在参数面板中可以通过勾选"反转"来反转法线方向，从而反转颜色。"侧面"节点通常和"混合"材质一起使用，将"侧面"节点连接至"混合"材质的"数量"通道上，可以控制"材质1"和"材质2"的分布方式，如图3-178所示。取消勾选"反转"的效果如图3-179所示。勾选"反转"的效果如图3-180所示。

图3-178

图3-179

图3-180

3.5.10 湍流

"湍流"节点是程序自带的纹理。在参数面板中可以修改其"功率""偏移""细节尺寸""Omega""使用湍流""反转""伽马""UVW变换""投射",如图3-181所示。

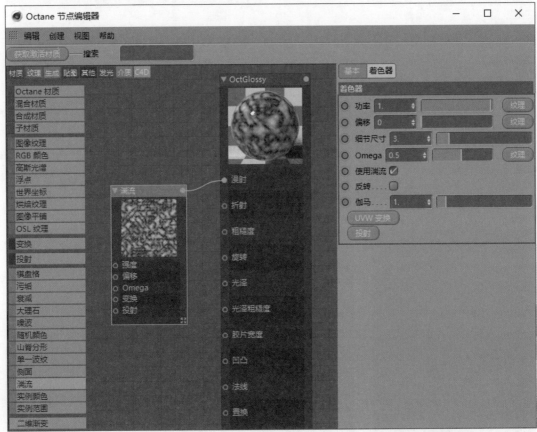

图3-181

- 功率：该参数可以用来控制纹理的强度。
- 偏移：该参数可以用来控制纹理的位置。
- 细节尺寸：该参数可以用来控制纹理的细节尺寸。
- Omega：该参数可以用来控制纹理的细节层次。
- 反转：该参数可以反转纹理中的黑白信息。
- 伽马：该参数可以改变纹理中的黑白信息。
- UVW变换和投射：该参数可以为纹理增加"变换""投射"节点。
- 使用湍流：取消勾选"使用湍流"的效果如图3-182所示。勾选"使用湍流"的效果如图3-183 所示。

图3-182

图3-183

3.6 贴图节点

"贴图"节点中包含"修剪纹理""颜色校正""余弦混合""渐变""反转""混合""相乘""添加""相减""比较""三平面"等，如图3-184所示。

3.6.1 修剪纹理

"修剪纹理"节点可以修剪纹理的"最小"和"最大"值，如图3-185所示。

图3-184

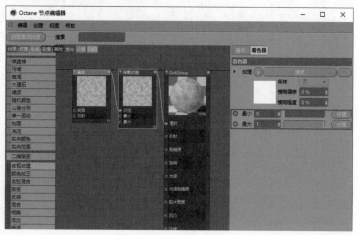

图3-185

当"最小"和"最大"值均为"0"时（见图3-186），效果呈现黑色，如图3-187所示。

当"最小"值为"1"，"最大"值为"0"时（见图3-188），效果呈现白色，如图3-189所示。

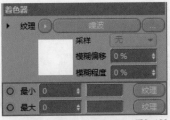

图3-186

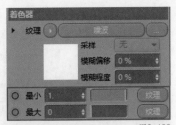

图3-188

图3-187

图3-189

当"最小"值为"0"，"最大"值为"1"时（见图3-190），效果如图3-191所示。

当"最小"和"最大"值均为"1"时（见图3-192），效果呈现白色，如图3-193所示。

图3-190

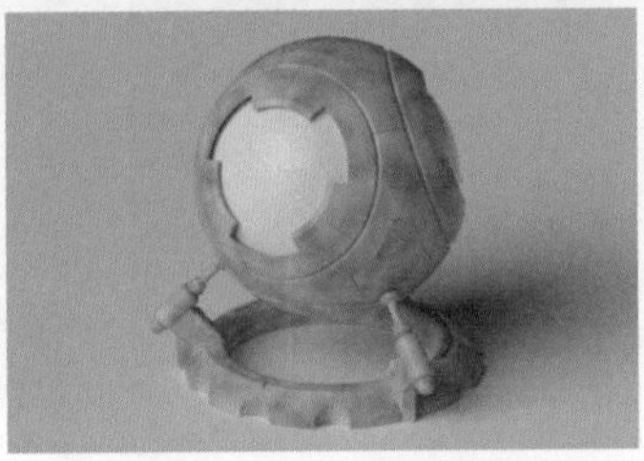

图3-191

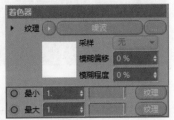

图3-192

图3-193

3.6.2 颜色校正

"颜色校正"节点可以校正纹理。在参数面板中可以修改"纹理""亮度""反转""色相""饱和度""伽马""对比"，如图3-194所示。

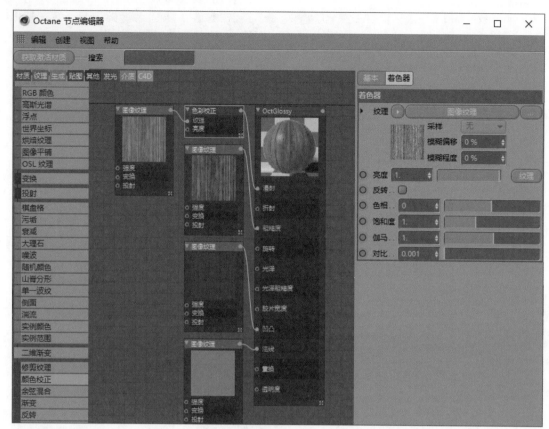

图3-194

- 纹理：在"纹理"中可以更改纹理。
- 亮度：该参数可以用来修改纹理的亮度。"亮度"的最小值为"0"，最大值为"1000"。当"亮度"的数值为"0"时，纹理呈现黑色。当"亮度"的数值为"1000"时，纹理呈现白色。当"亮度"为"0.1"时（见图3-195），效果如图3-196所示。当"亮度"为"1.5"时（见图3-197），效果如图3-198所示。

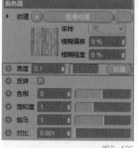

图3-195

图3-196

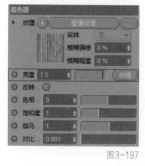

图3-197

图3-198

- 反转："反转"用于反转贴图中的黑白信息。取消勾选"反转"，效果如图3-199所示。勾选"反转"，效果如图3-200所示。

图3-199　　　　　　　　　　　　　　　　　　　　　图3-200

● 色相：该参数可以修改纹理的色相。"色相"的最小值为"-1"，最大值为"1"。当"色相"为"0.5"时（见图3-201），效果如图3-202所示。当"色相"为"-0.5"时（见图3-203），效果如图3-204所示。

图3-201

图3-202

● 饱和度：该参数可以修改纹理的饱和度。"饱和度"的最小值为"0"，最大值为"3"。"饱和度"的数值越大，纹理的饱和度越高。当"饱和度"为"2"时（见图3-205），效果如图3-206所示。当"饱和度"为"0.5"时（见图3-207），效果如图3-208所示。

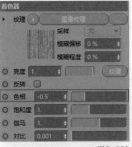

图3-203

图3-204

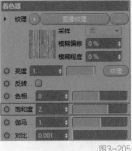

图3-205

图3-206

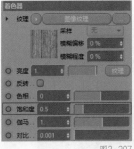

图3-207

图3-208

● 伽马：该参数可以修改纹理的伽马值。"伽马"的最小值为"0.01"，最大值为"100"。当"伽马"的数值为"0.01"时（见图3-209），纹理呈现白色，即亮度最高，如图3-210所示。当"伽马"的数值为"100"时（见图3-211），纹理呈现黑色，即亮度最低，如图3-212所示。

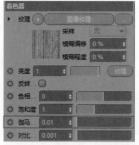

图3-209

图3-210

图3-211

图3-212

提示 当"伽马"值为"2.2"时（见图3-213），黑白信息可以达到平衡，效果如图3-214所示。

图3-213

图3-214

● 对比：该参数可以修改纹理的对比度。"对比"的最小值为"0.001"，最大值为"10000"。当"对比"的数值为"0.001"时（见图3-215）。纹理的对比度最低，如图3-216所示。当"对比"的数值为"1000"时（见图3-217），纹理的对比度最高，如图3-218所示。

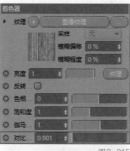

图3-215

图3-216

图3-217

图3-218

3.6.3 余弦混合

"余弦混合"节点可以将纹理以余弦波的方式混合在一起，如图3-219所示，效果如图3-220所示。

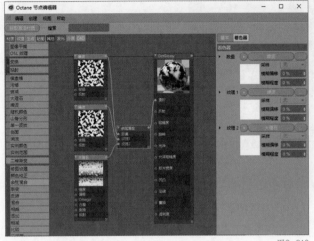

图3-219

图3-220

3.6.4 渐变

"渐变"节点可以创建任意渐变色。在参数面板中可以修改其"模式""线性"与"径向""插值""纹理""平滑""梯度"，如图3-221所示。

● 模式：在渐变模式中包含"简易""复杂"两种模式，如图3-222所示。

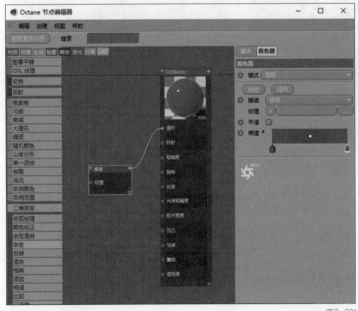

图3-221

图3-222

● 线性与径向：单击"线性＞径向"会自动生成"单一波纹"节点，如图3-223所示。

● 插值：在"插值"中包含3种模式，分别为"常数""线性""立方"，如图3-224所示。

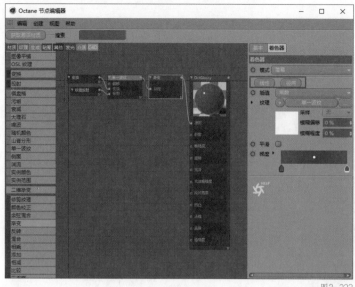

图3-223

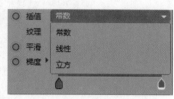

图3-224

● 纹理：在"纹理"中可以置入任意纹理。

● 梯度：该参数可以修改任意渐变色。

> **提示** "渐变"节点在改变纹理黑白信息的同时可以修改黑白信息通道所对应的颜色。例如，当"梯度"为"红色至蓝色"的渐变色时，纹理中的黑白信息通道所对应的颜色就变成了"红色至蓝色"的渐变色，同时还可以修改红色和蓝色所占的比例，如图3-225所示，效果如图3-226所示。

图3-225

图3-226

3.6.5 反转

"反转"节点可以反转纹理中的黑白信息，如图3-227所示。反转前后的效果如图3-228和图3-229所示。

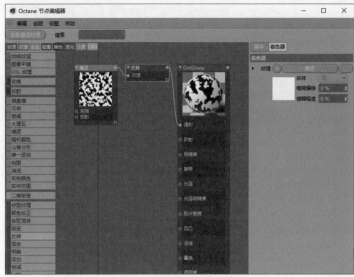

图3-228

图3-227

图3-229

3.6.6 混合

　　"混合"节点可以将两种纹理进行混合，从而增加细节，如图3-230所示，效果如图3-231所示。

图3-230

图3-231

3.6.7 相乘

　　"相乘"节点可以将两种纹理按相乘的方式进行混合，从而增加细节，如图3-232所示。例如，将两张划痕贴图使用"相乘"节点进行混合，效果如图3-233所示。

图3-232

图3-233

3.6.8 添加

　　"添加"节点可以将两种纹理按添加的方式进行混合，从而增加细节，如图3-234所示。例如，将两张划痕贴图使用"添加"节点进行混合，效果如图3-235所示。

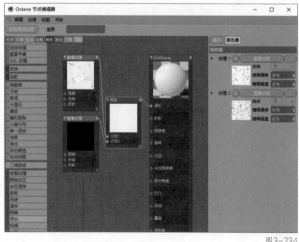

图3-234

图3-235

3.6.9 相减

　　"相减"节点可以使两种纹理相减。例如，将"噪波"和一张图像纹理使用"相减"节点进行混合，当"噪波"作为"纹理1"，"图像纹理"作为"纹理2"时（见图3-236），效果如图3-237所示。当"噪波"作为"纹理2"，"图像纹理"作为"纹理1"时（见图3-238），效果如图3-239所示。

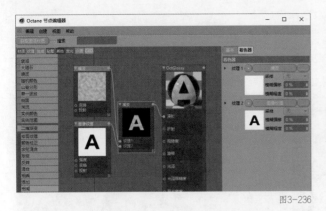

图3-236

图3-237

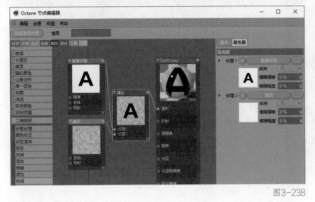

图3-238

图3-239

> **提示** "相减"节点与"相乘"节点和"添加"节点不同，改变纹理1和纹理2的位置，会产生不同的效果。

3.6.10 比较

　　"比较"节点可以通过比较"输入A"和"输入B"从而决定输出"A"还是输出"B"。例如："如果A＜B"对应的是红色，"如果A≥B"对应的是蓝色，那么当"输入A"小于"输入B"时，输出红色，如图3-240所示；"输入A"大于"输入B"时，输出蓝色，如图3-241所示。

图3-240

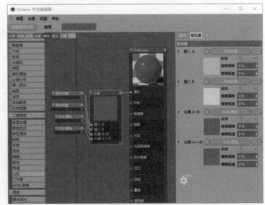

图3-241

3.6.11　三平面

"三平面"节点可以将纹理或RGB颜色分别从"X+""X-""Y+""Y-""Z+""Z-"6个方向投射，增加"混合角度"的数值（见图3-242），可以使纹理或RGB颜色变得柔和，从而解决纹理或RGB颜色投射到物体上时会产生接缝的问题，如图3-243所示。

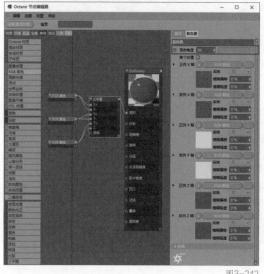

图3-242

图3-243

3.7　置换节点

"置换"节点中包含"纹理""数量""中级""细节等级""过滤类型""过滤半径"，如图3-244所示。

● 纹理：在"纹理"中可以更改纹理。

● 细节等级："细节等级"包含6种等级，分别为"256×256""512×512""1024×1024""2048×2048""4096×4096""8192×8192"，根据贴图的尺寸灵活调整即可，如图3-245所示。

图3-244

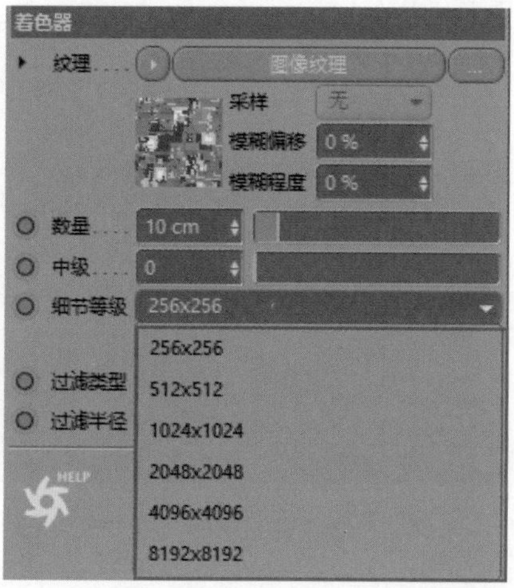

图3-245

- 数量：该参数可以用来修改置换的高度。"数量"的数值越小，置换高度越低；"数量"的数值越大，置换高度越高。当"数量"为"10 cm"时（见图3-246），效果如图3-247所示。当"数量"为"20 cm"时（见图3-248），效果如图3-249所示。

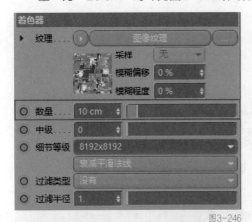

图3-246

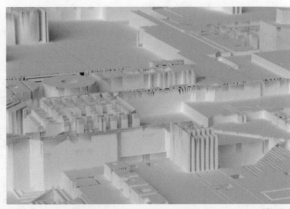

图3-247

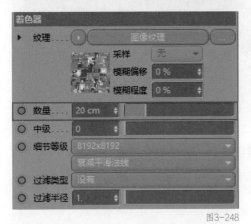

图3-248

图3-249

- 中级：该参数可以用来解决接缝问题。
- 过滤类型：该参数通常保持默认值"没有"。
- 过滤半径：该参数通常保持默认值"1"。

提示 当使用混合材质时，如果需要使用"置换"节点，则需要将置换纹理连接到子级材质的"置换"通道的同时连接到混合材质的"置换"通道上，这样子级材质上才会产生置换效果，如图3-250所示。

图3-250

3.8 发光节点

"发光"节点中包含"黑体发光""纹理发光"，如图3-251所示。

3.8.1 黑体发光

"黑体发光"节点可以用来制作自发光效果。在参数面板中可以修改"功率""表面亮度""色温"等，如图3-252所示。

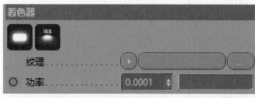

图3-251

图3-252

● 功率：该参数可以用来修改灯光功率。"功率"的数值越小，灯光越暗；"功率"的数值越大，灯光越亮。当"功率"为"0.0001"时（见图3-253），效果如图3-254所示。当"功率"为"100"时（见图3-255），效果如图3-256所示。

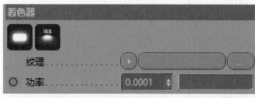

图3-253

图3-255

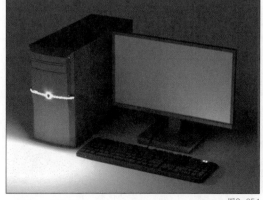

图3-254

图3-256

● 表面亮度：该参数可以根据物体的表面积计算发光方式。勾选"表面亮度"的效果如图3-257所示。取消勾选"表面亮度"的效果如图3-258所示。

图3-257

图3-258

● 色温：该参数可以用来修改灯光色温。"色温"的最小值为"500"，最大值为"12000"。当"色温"为"500"时（见图3-259），效果如图3-260所示。当"色温"为"12000"时（见图3-261），效果如图3-262所示。

图3-259

图3-261

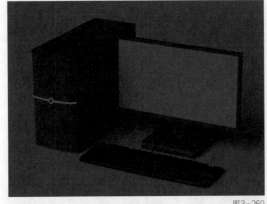

图3-260

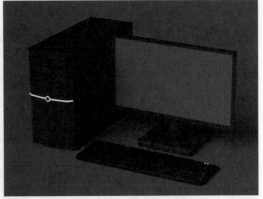

图3-262

● 漫射可见：取消勾选"漫射可见"可以关闭灯光对于其他物体的漫射效果。

● 折射可见：取消勾选"折射可见"可以关闭灯光对于其他物体的折射效果。

● 透明发光：取消勾选"透明发光"可以关闭透明发光效果。

● 投射阴影：取消勾选"投射阴影"可以关闭投射阴影效果。

提示 将"RGB颜色"连接至"黑体发光"的"纹理"通道上，通过修改"RGB颜色"可以调整灯光颜色。例如，将"RGB颜色"修改为绿色（见图3-263），可以将灯光的颜色改为绿色，如图3-264所示。

图3-263

图3-264

3.8.2 纹理发光

"纹理发光"节点可以用来制作纹理发光效果。在参数面板中可以修改"功率""表面亮度"等，如图3-265所示。

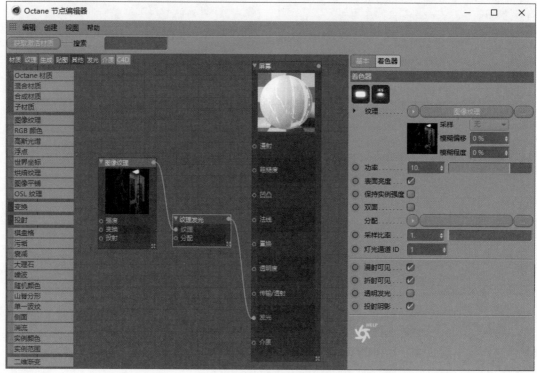

图3-265

- 功率：该参数可以用来修改灯光功率。

- 表面亮度：该参数可以根据物体的表面积计算发光方式。

- 漫射可见：取消勾选"漫射可见"可以关闭灯光对于其他物体的漫射效果。

- 折射可见：取消勾选"折射可见"可以关闭灯光对于其他物体的折射效果。

- 透明发光：取消勾选"透明发光"可以关闭透明发光效果。

- 投射阴影：取消勾选"投射阴影"可以关闭投射阴影效果。

提示　将任意一张"图像纹理"连接至"纹理发光"的"纹理"通道上（见图3-266），效果如图3-267所示。

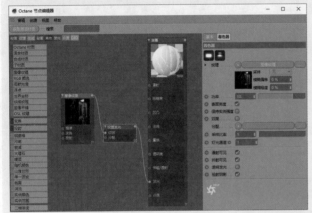

图3-266

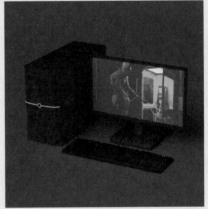

图3-267

提示　"黑体发光"节点适用于灯光自发光的情况，"纹理发光"节点适用于电子屏幕发光的情况。

第4章　Octane Render摄像机与灯光

本章将详细讲解Octane Render摄像机与Octane Render灯光的相关知识。

4.1 Octane Render摄像机

Octane Render摄像机中包含"基本""运动模糊""常规镜头""摄像机成像""后期处理""立体",如图4-1所示。

图4-1

4.1.1 常规镜头

常规镜头可以为画面增加景深效果,包含"景深""光圈""光圈纵横比""光圈边缘""散景边数"等。

在Octane Render工具栏中,单击"景深选择",即可在Live Viewer Studio中选择景深点,如图4-2所示。然后配合摄像机的景深功能即可为场景增加景深效果,如图4-3所示。

图4-2

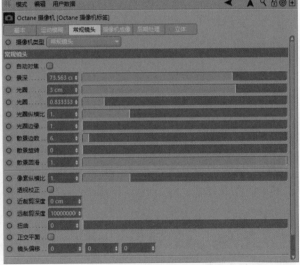

图4-3

4.1.2 摄像机成像

启用"摄像机成像"可以为画面增加滤镜以及后期效果,包含"镜头""饱和度"等,如图4-4所示。

单击"镜头"后的扩展按钮,可以选择任意滤镜。常用滤镜为"DSCS315_1""DSCS315_2""DSCS315_3""DSCS315_4""DSCS315_5""DSCS315_6",如图4-5所示。

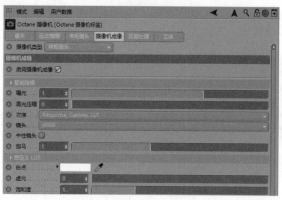

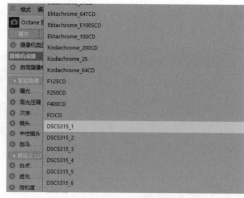

图4-4　　　　　　　　　　　　　　　　　　图4-5

例如，勾选"启用摄像机成像"，将"镜头"修改为"DSCS315_5"，将"饱和度"修改为"1.1"（见图4-6），效果如图4-7所示。

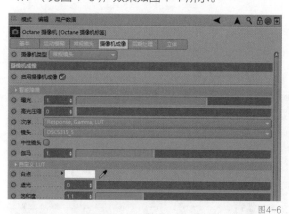

图4-6　　　　　　　　　　　　　　　　　　图4-7

4.1.3　后期处理

启用"后期处理"可以为画面增加辉光效果，包含"辉光强度""眩光强度""眩光数量""眩光角度""眩光模糊""光谱强度""光谱偏移"等，如图4-8所示。

例如，勾选"启用"，将"辉光强度"修改为"4"，将"眩光强度"修改为"0.25"（见图4-8），效果如图4-9所示。

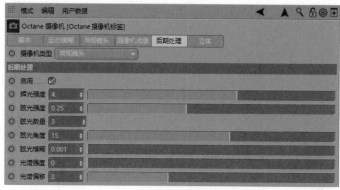

图4-8　　　　　　　　　　　　　　　　　　图4-9

4.2 Octane Render灯光

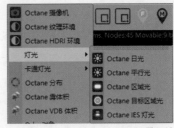

图4-10

Octane Render照亮场景的方式包含"Octane HDRI环境""Octane日光""Octane区域光""Octane目标区域光""物体自发光"等，如图4-10所示。

4.2.1 Octane HDRI 环境

选择"Octane HDRI环境>纹理"，置入任意HDR预设，可以有效地照亮场景。Octane HDRI环境的参数包含"纹理""功率""旋转X""旋转Y"等。

调整"功率"的数值可以控制HDR预设的亮度。"功率"的数值越大，HDR预设越亮。"功率"的数值越小，HDR预设越暗。

调整"旋转X"和"旋转Y"可以控制HDR预设的角度。

例如，选择"Octane HDRI环境>纹理"，置入HDR预设，调整"功率""旋转X""旋转Y"（见图4-11），效果如图4-12所示。

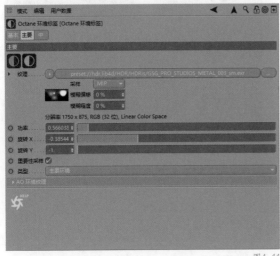

图4-11

图4-12

4.2.2 Octane 日光

Octane日光可以模拟太阳光效果，包含"类型""天空浑浊""功率""向北偏移""太阳大小""天空颜色""太阳颜色""混合天空纹理"等，如图4-13所示。

● 天空浑浊：该参数可以用来修改天空的浑浊度。"天空浑浊"的最小值为"2"，最大值为"15"。"天空浑浊"的数值越大，天空越浑浊。"天空浑浊"的数值越小，天空越干净。

● 功率：该参数可以用来修改天空的亮度。"功率"的最小值为"0.0001"，最大值为"1000"。"功率"的数值越大，天空越亮。"功率"的数值越小，天空越暗。

● 向北偏移：该参数可以用来修改太阳的方向。

- 天空颜色：该参数可以用来修改天空的颜色。
- 太阳颜色：该参数可以用来修改太阳的颜色。
- 混合天空纹理：勾选"混合天空纹理"可以同时使用"Octane日光"和"Octane HDRI环境"。

　　例如，将"功率"修改为"5"，"向北偏移"修改为"0.5"，勾选"混合天空纹理"（见图4-14），效果如图4-15所示。

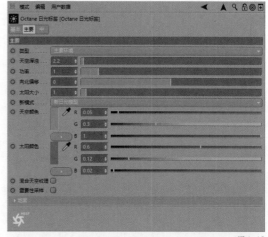

图4-13

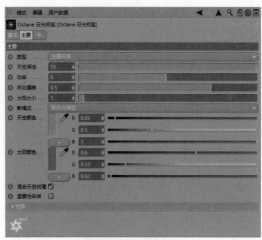

图4-14

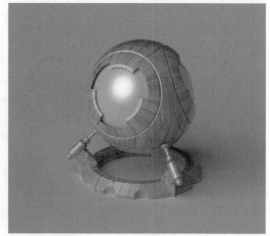

图4-15

4.2.3　Octane 区域光

　　Octane区域光可以为场景提供光源，包含"基本""主要""灯光设置""可视"。"灯光设置"包含"功率""色温""纹理""表面亮度"等，如图4-16所示。

- 功率：该参数可以用来修改区域光的亮度。"功率"的数值越大，区域光越亮。"功率"的数值越小，区域光越暗。
- 色温：该参数可以用来修改区域光的色温。
- 纹理：在"纹理"中可以置入任意纹理或RGB颜色，从而修改区域光的颜色。

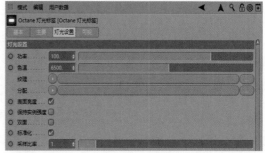

图4-16

例如，将"功率"修改为"60"，在"纹理"中添加"RGB颜色"，并将"RGB颜色"修改为蓝色，勾选"表面亮度"（见图4-17），效果如图4-18所示。

图4-17

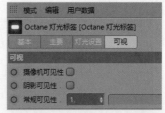

图4-19

在"可视"中包含"摄像机可见性""阴影可见性""常规可见性"。取消勾选"摄像机可见性"，可以使"区域光"在场景中不可见。取消勾选"阴影可见性"，可以使"区域光"产生的阴影在场景中不可见。

图4-18

图4-20

同时取消勾选"摄像机可见性""阴影可见性"（见图4-19），效果如图4-20所示。

提示　在透视视图中，可以通过调整"X轴""Y轴""Z轴"的位置调整区域光的位置，如图4-21所示。

4.2.4 Octane 目标区域光

Octane目标区域光可以为场景提供光源，是一种特殊的区域光。Octane目标区域光只能围绕着目标物体进行位移，通过调整"X轴""Y轴""Z轴"的位置可以调整Octane目标区域光的位置，但不论怎样改变Octane目标区域光的位置，它的聚焦点都在目标物体上，如图4-22所示。

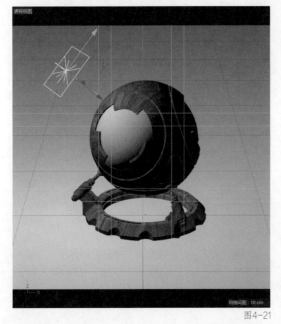

图4-21

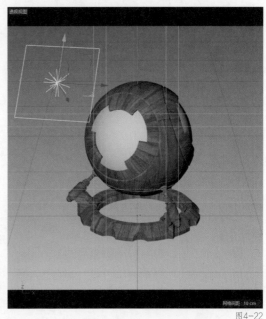

图4-22

4.2.5 物体自发光

物体自发光是一种特殊的发光方式，通过赋予物体发光材质，使其在场景中充当光源，从而照亮场景（见图4-23），效果如图4-24所示。

图4-23

> **提示** 如果需要实现物体自发光的效果，但不希望物体在场景中出现，可以给物体添加"Octane对象标签"，如图4-25所示。然后选择"Octane对象标签>可视"，取消勾选"摄像机可见性""阴影可见性"（见图4-26），效果如图4-27所示。

图4-24

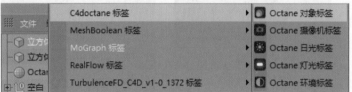

图4-25

图4-26

图4-27

第5章　Octane Render雾体积与VDB

本章将详细讲解Octane Render雾体积与VDB，并演示通过HDR制作雾的方法，使读者学会如何制作雾效果。

5.1 雾体积

Octane Render 雾体积中包含"主要""生成""介质"，如图5-1所示。

1.生成

"生成"中包含"生成模式""尺寸""体素大小（编辑）""体速相乘（渲染）""边缘羽化""纹理""显示类型"，如图5-2所示。

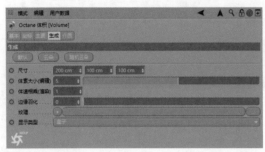
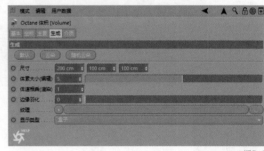

图5-1　　　　　　　　　　　　　　　　　图5-2

- 生成："生成"中包含3种模式，"默认""云朵""随机云朵"。
- 尺寸：该参数可以用来修改雾体积的尺寸。
- 体素大小（编辑）：该参数可以用来修改雾体积的密度。"体素大小"的数值越大，雾体积的密度越低。"体素大小"的数值越小，雾体积的密度越高。随着雾体积的密度增加，计算机GPU的占用率也将增加。
- 体速相乘（渲染）：该参数可以用来修改雾体积的精度。"体速相乘"的数值越大，雾体积的精度越高。"体速相乘"的数值越小，雾体积的精度越低。随着雾体积精度的增加，计算机GPU的占用率也将增加。
- 边缘羽化：该参数可以用来使雾体积的边缘变得柔和。

2.介质

介质中包含了"介质（模式）""体积介质"。

- 介质（模式）："介质（模式）"包含了两种模式，分别为"雾""燃烧"，如图5-3所示。
- 体积介质："体积介质"包含了"密度""体积步长""吸收""散射""发光"，如图5-4所示。

图5-3

图5-4

- 密度：该参数可以用来修改雾体积的密度。"密度"的数值越大，雾体积的密度越高。"密度"的数值越小，雾体积的密度越低。

- 体积步长：该参数类似于"体素大小（编辑）"，可以用来修改雾体积的密度。"体积步长"的数值越大，雾体积的密度越低。"体积步长"的数值越小，雾体积的密度越高。

- 吸收：该参数可以用来修改雾吸收的颜色。

- 散射：该参数可以用来修改雾散射的颜色。

- 发光：该参数可以用来修改雾发光的颜色。

5.2 VDB

Octane Render VDB（Cinema 4D体积建模）中包含"主要""Vdb""介质"等，类似于雾体积。单击"文件"后的扩展按钮，置入任意"VDB预设"，将"导入单位"修改为"弗隆"（见图5-5），效果如图5-6所示。

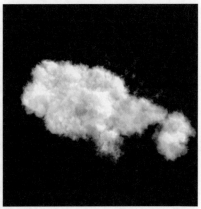

图5-5　　　　　　　　　　　　　　　　　　　　图5-6

5.3 HDR雾

利用HDR中的"中"也可以为场景增加雾效果。例如，将"中等半径"修改为"5"（见图5-7），将"散射介质"中的"密度"修改为"3"（见图5-8），效果如图5-9所示。

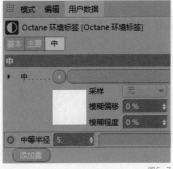

图5-7　　　　　　　　　　　　图5-8　　　　　　　　　　　　图5-9

挑选一个需要添加雾效果的场景，如图5-10所示。

图5-10

01 为场景添加"Octane 环境标签"，选择"中 > 添加雾"，将"中等半径"修改为"2"，如图 5-11 所示。

02 选择"散射介质 > 着色器"，将"密度"修改为"0.02"，如图 5-12 所示。

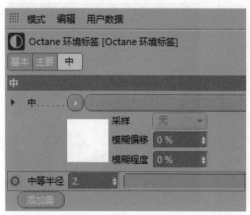

图5-11

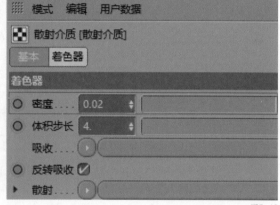

图5-12

效果如图5-13所示。

图5-13

03 为场景添加 Octane Render 雾体积，将"密度"修改为"0.05"，修改"吸收""散射"的颜色，如图 5-14 所示。

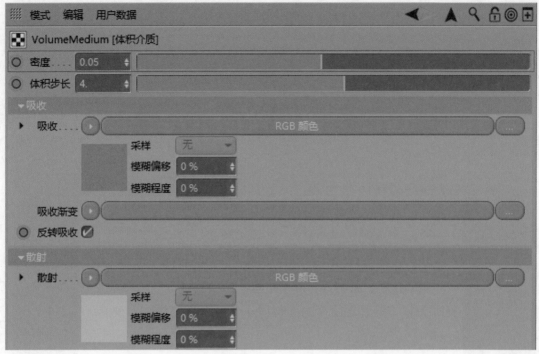

图5-14

效果如图5-15所示。

图5-15

第6章　Octane Render基础材质

本章将详细讲解Octane Render的基础材质，其包含5种基础材质，分别为"漫射材质""反射材质（光泽度材质）""折射材质（镜面材质）""金属材质""混合材质"。

6.1 漫射材质

漫反射指光线被粗糙表面无规则地向各个方向反射的现象。很多物体，如植物、墙壁、衣服等，其表面粗看起来似乎很平滑，但用放大镜仔细观察，就会看到其表面凹凸不平，因此太阳光被这些表面反射后，就会射向不同方向。

6.1.1 漫射通道

"漫射"通道可以用来修改颜色或者纹理，如图6-1所示。

1. 颜色

在"颜色"中通过"颜色拾取器"可以修改任意颜色，如图6-2所示。

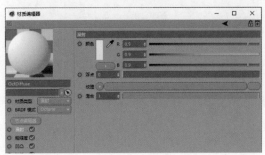

图6-1

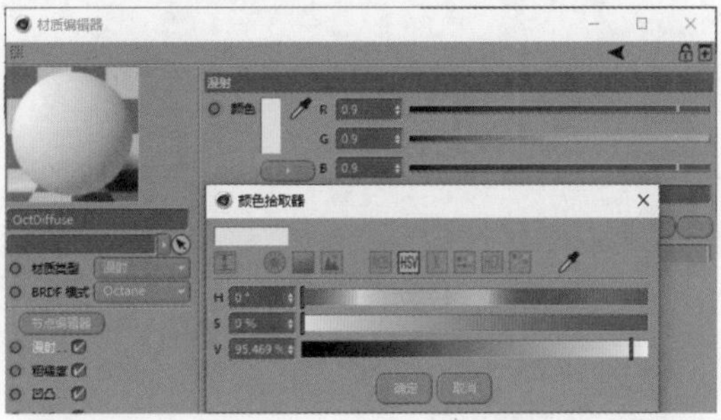

图6-2

2. 浮点

在"浮点"中可以修改颜色的黑白灰信息，当"浮点"为"0"时，呈现黑色，如图6-3所示。当"浮点"为"1"时，呈现白色。当"浮点"为"0～1"时，呈现灰色。

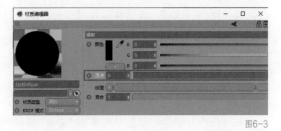

图6-3

3. 纹理

在"纹理"中可以置入任意纹理，如图6-4所示。

4. 混合

在"混合"中可以修改颜色和纹理所占的比例，如图6-5所示。

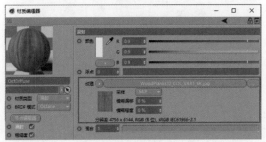

图6-4

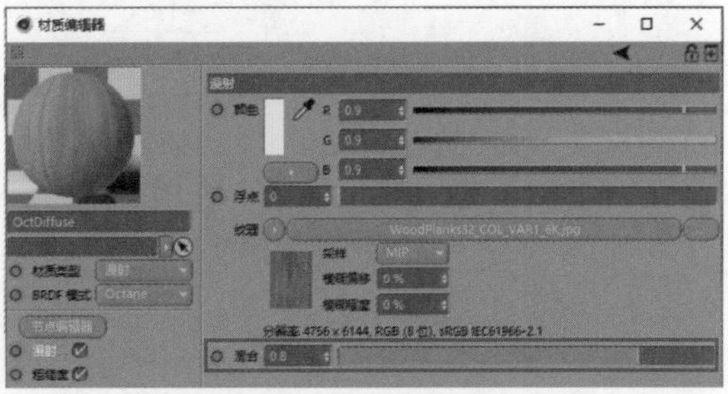

图6-5

6.1.2 粗糙度通道

在"粗糙度"通道中修改"浮点"的数值或置入任意粗糙度纹理（黑白信息纹理），可以为材质增加粗糙度。"浮点"的数值越大，粗糙度越大。"浮点"的数值越小，粗糙度越小，如图6-6所示。

6.1.3 凹凸通道

在"凹凸"通道中通过置入任意凹凸纹理（黑白信息纹理），可以为材质增加凹凸效果，如图6-7所示。

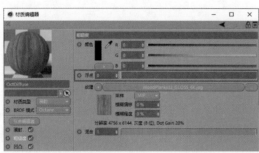

图6-6

图6-7

6.1.4 法线通道

在"法线"通道中置入任意法线纹理，可以为材质增加凹凸效果。区别于"凹凸"通道产生的凹凸效果，"法线"通道产生的凹凸效果可以随着光线的偏移发生变化，如图6-8所示。

6.1.5 置换通道

在"置换"通道中勾选"置换"，即可为材质添加"置换"节点，如图6-9所示。

图6-8

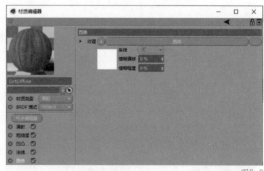

图6-9

6.1.6 透明度通道

在"透明度"通道中置入任意带有黑白信息的纹理，或带有对应黑白信息通道的颜色信息的纹理，即可将黑色信息变成透明效果，白色信息及白色信息通道对应的颜色信息变成不透明效果，从而模拟局部透明的效果，如图6-10所示。

6.1.7　传输通道

在"传输"通道中修改颜色或置入纹理可以模拟类似SSS（Subsurface Scattering，次表面散射）材质的效果，如图6-11所示。需要注意的是，在利用"传输"通道模拟SSS效果时，如果使用的是"漫射"材质需要将"漫射"通道的颜色修改为黑色或灰色，使光能够透过材质（见图6-12），效果如图6-13所示。

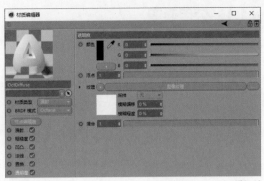

图6-10

图6-11

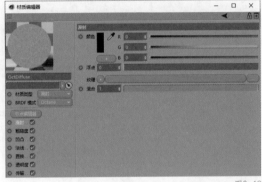

图6-12

6.1.8　发光通道

在"发光"通道中单击"黑体发光"或"纹理发光"即可添加对应的节点，如图6-14所示。

6.1.9　介质通道

在"介质"通道中单击"吸收介质"或"散射介质"即可添加对应的节点，如图6-15所示。

图6-13

图6-14

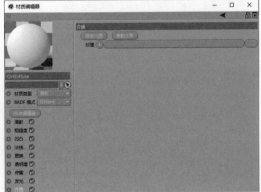

图6-15

6.1.10 公用通道

在"公用"通道中修改"圆角半径"的数值，可以在模型表面模拟倒角的效果。例如，将"圆角半径"修改为"0.2 cm"（见图6-16），效果如图6-17所示。

6.1.11 编辑通道

"编辑"通道可以用来修改材质的显示状态，如图6-18所示。

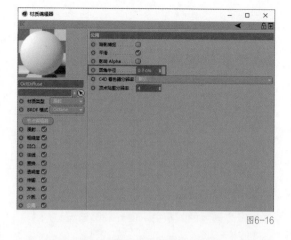

图6-16

图6-17

图6-18

6.2 反射材质（光泽度材质）

反射材质又称光泽度材质，反射是指材质表面反射光线的能力。表面能够反射的光线越多，光泽度越高。表面能够反射的光线越少，光泽度越低。表面反射光线的能力受环境中各种因素的影响，例如落在对象上的小颗粒灰尘，以及接触对象时从手上沾染到对象上的油污，所有这一切都会影响材质表面反射光线的能力。

6.2.1 镜面通道

"镜面"通道可以用来修改材质表面的反射信息，如图6-19所示。

6.2.2 索引通道

"索引"通道可以用来修改材质表面的反射强度，当"索引"数值大于"1"时，反射的强度会随着数值的增大而增强。该通道可用来模拟金属效果，如图6-20所示。

图6-19

图6-20

6.3 折射材质（镜面材质）

折射材质又称镜面材质，可以用来模拟透明效果，例如玻璃、水、SSS材质等。

6.3.1 粗糙度通道

"粗糙度"通道可以用来修改折射材质表面的粗糙度，多用于模拟磨砂玻璃的效果，如图6-21所示。

6.3.2 透明度通道

"透明度"通道可以用来修改折射材质表面的透明度，多用于模拟薄膜的效果，如图6-22所示。

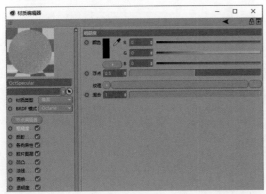

图6-21

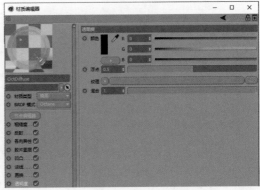

图6-22

6.3.3　色散通道

"色散"通道可以为折射材质增加色散效果，增加细节，如图6-23所示。

6.3.4　伪阴影通道

"伪阴影"通道可以优化光折射后产生的阴影，如图6-24所示。

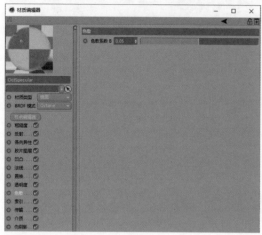

图6-23

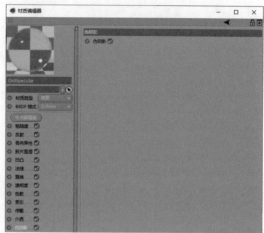

图6-24

案例：　SSS——软糖

Subsurface Scattering，简称SSS（又称3S），中文翻译为次表面散射。在真实世界中许多物体是带有半透明属性的，比如皮肤、玉、蜡、软糖、牛奶等。这些半透明的物体受数个光源的透射时，物体本身会受材质厚度的影响而显示出不同的透光性，光线在这些透射部分可以互相混合、干涉。说得简单一些就是，光射进物体表面，在内部散射，然后从与射入点不同的地方射出表面。SSS使照明的整体效果变得柔和，一个区域的光线会渗透到表面的周围区域，而小的表面细节就变得看不清了。光线穿入物体越深，衰减和散射得越严重。我们拿皮肤为例，在照亮区到阴影区的衔接处，散射也往往会引起微弱的倾向红色的颜色偏移，这是由于光线照亮表皮并进入皮肤，接着被皮下血管和组织散射和吸收，然后从阴影部分离开。散射效果在皮肤薄的部位更加明显，比如鼻孔和耳朵周围。

接下来以制作"软糖"为例。

01 打开预设场景"软糖场景"，如图 6-25 所示。

02 创建一个"折射材质"，并赋予"软糖"，如图 6-26 所示。

图6-25

图6-26

03 在"粗糙度"通道中将"浮点"修改为"0.08"（见图6-27），效果如图6-28所示。

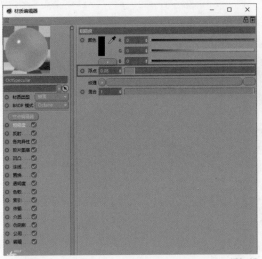 

图6-27　　　　　　　　　　　　　　　　　　　　图6-28

04 创建一个"渐变"节点并将其连接至"传输/透射"通道，在"着色器＞梯度"中将颜色修改为"橙色至黄色"的渐变色（见图6-29），效果如图6-30所示。

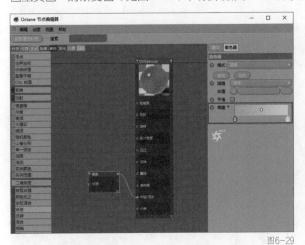 

图6-29　　　　　　　　　　　　　　　　　　　　图6-30

05 创建一个"衰减"节点并将其连接至"渐变"，在"着色器"中将"衰减歪斜因子"修改为"3"（见图6-31），效果如图6-32所示。

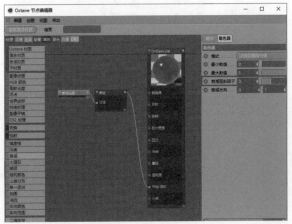 

图6-31　　　　　　　　　　　　　　　　　　　　图6-32

06 创建一个"散射介质"节点并将其连接至"介质"通道，在"着色器"中将"密度"修改为"0.02"，创建一个"RGB 颜色"节点并将其连接至"散射"（见图 6-33），效果如图 6-34 所示。

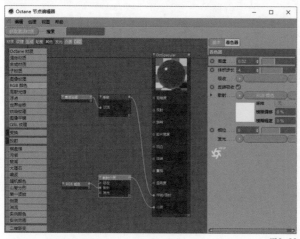

图6-33

图6-34

07 在"索引"通道中，将"索引"修改为"1.2"（见图 6-35），在"伪阴影"通道中勾选"伪阴影"（见图 6-36），效果如图 6-37 所示。

图6-35

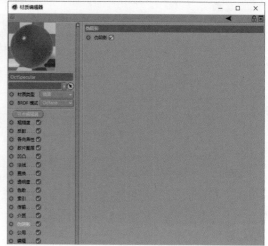

图6-36

图6-37

案例： SSS——玉石材质

接下来以制作"玉石"为例。

01 打开预设场景"玉石场景"，如图 6-38 所示。

02 创建一个"折射材质"，并赋予"龙"，如图 6-39 所示。

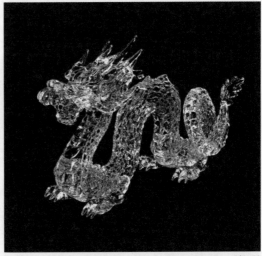

图6-38

图6-39

03 在"粗糙度"通道中将"浮点"修改为"0.1"（见图6-40），效果如图6-41所示。

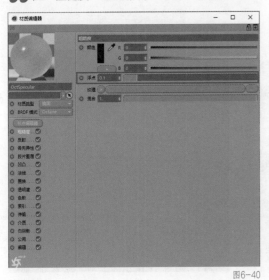

图6-40

图6-41

04 创建一个"渐变"节点并将其连接至"传输/透射"通道，在"着色器＞梯度"中将颜色修改为"黄色至绿色"的渐变色（见图6-42），效果如图6-43所示。

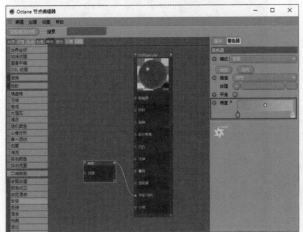

图6-42

图6-43

05 创建一个"衰减"节点并将其连接至"渐变"，在"着色器"中将"衰减歪斜因子"修改为"2"（见图 6-44），效果如图 6-45 所示。

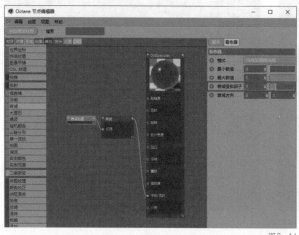

图6-44　　　　　　　　　　　　　　　　　　　　图6-45

06 创建一个"散射介质"节点并将其连接至"介质"通道，在"着色器"中将"密度"修改为"15"，创建一个"RGB 颜色"节点并将其连接至"散射"（见图 6-46），效果如图 6-47 所示。

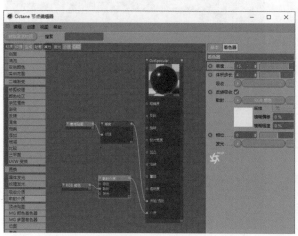

图6-46　　　　　　　　　　　　　　　　　　　　图6-47

07 在"伪阴影"通道中勾选"伪阴影"（见图 6-48），效果如图 6-49 所示。

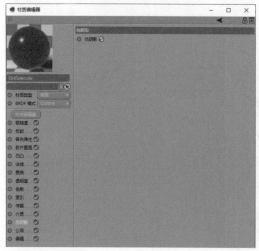

图6-48　　　　　　　　　　　　　　　　　　　　图6-49

08 创建一个"反射材质",然后创建一个"混合纹理"节点,将"玉石1"和"玉石2"置入并连接至"纹理1"和"纹理2"通道(见图6-50),效果如图6-51所示。

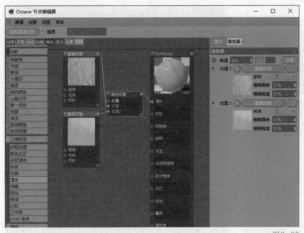

图6-50

图6-51

09 创建一个"颜色校正"节点并将其连接至"混合纹理"的输出端口和"反射材质"的输入端口。将"色相"修改为"0.35",将"饱和度"修改为"1.25",将"对比"修改为"0.025"(见图6-52),效果如图6-53所示。

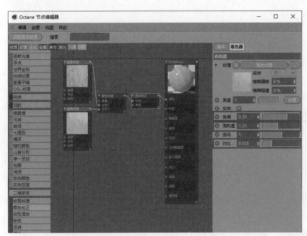

图6-52

图6-53

10 在"粗糙度"通道中将"浮点"修改为"0.1"(见图6-54),效果如图6-55所示。

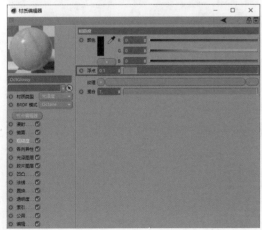

图6-54

图6-55

11 创建一个"混合材质"，将前面制作的两种材质进行混合，将"浮点"修改为"0.85"（见图 6-56），效果如图 6-57 所示。

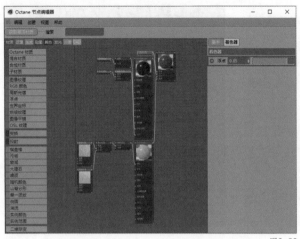

图6-56

图6-57

6.4 金属材质

金属材质可以用来模拟各类金属效果。

6.4.1 镜面通道

"镜面"通道可以用来修改金属材质的颜色，如图6-58所示。

6.4.2 粗糙度通道

"粗糙度"通道可以用来修改金属材质的粗糙度，如图6-59所示。

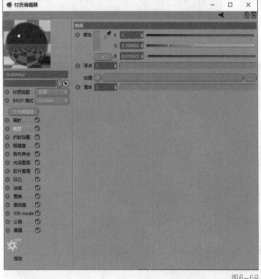

图6-58

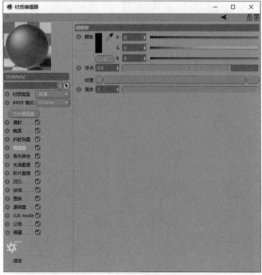

图6-59

案例： 金属头盔

01 打开预设场景"金属头盔场景"，如图6-60所示。

02 创建一个"金属材质"。创建一个"RGB 颜色"节点，并将其修改为"红色"，然后连接至"折射"通道，如图6-61所示。将"粗糙度"通道的贴图连接至对应的通道，如图6-62所示。将一张"划痕贴图"连接至"凹凸"通道并修改其"变换"和"投射"，如图6-63所示。创建一个"混合纹理"节点并将两张"法线贴图"连接至"纹理1""纹理2"，如图6-64所示，效果如图6-65所示。

图6-60

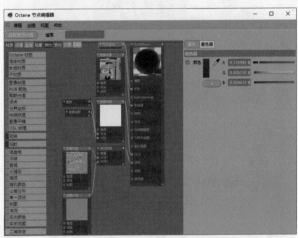

图6-61

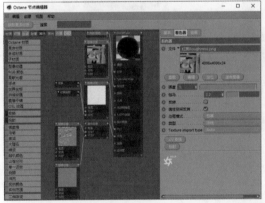

图6-62

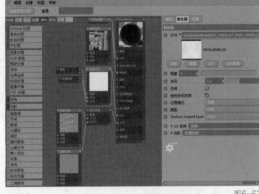

图6-63

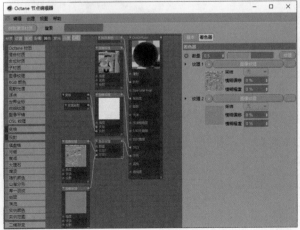

图6-64

图6-65

03 创建一个"反射材质"。将"漫射"通道的贴图连接至对应的通道（见图6-66），效果如图6-67所示。

图6-66

图6-67

04 创建一个"混合材质"，将"金属材质""反射材质"进行混合（见图6-68），效果如图6-69所示。

图6-68

图6-69

05 使用同样的方法创建绿色金属材质（见图6-70），效果如图6-71所示。

图6-70

图6-71

06 使用同样的方法创建深红色金属材质（见图6-72），效果如图6-73所示。

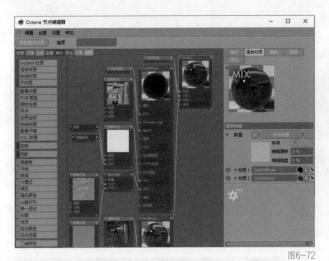

图6-72

图6-73

6.5 混合材质

混合材质为将两种Octane材质通过任意一张带有黑白信息的贴图或纹理作为数量进行混合得到的一种新材质。

案例：水渍材质

01 创建一个"反射材质"作为"湿地面"。将"漫射"通道、"粗糙度"通道"法线"通道的贴图分别连接至对应的通道。选择"漫射"通道的贴图，将"强度"修改为"1.15"，将"伽马"修改为"3.05"，如图6-74所示。选择"法线"通道的贴图，将"强度"修改为"4"，（见图6-75），效果如图6-76所示。

图6-74

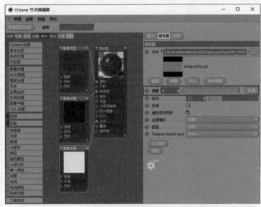

图6-75

02 创建一个"反射材质"作为"水坑"。将"漫射"通道的贴图连接至对应的通道。然后创建一个"混合纹理"节点，创建一个"噪波"作为"数量"，将"凹凸"通道的贴图连接至对应的通道。选择"漫射"通道的贴图，将"伽马"修改为"4"，如图6-77所示。选择"噪波"，将"细节尺寸"修改为"7"，将"对比"修改为"40"，如图6-78所示。选择"凹凸"通道的贴图，将"伽马"修改为"2.05"

图6-76

117

（见图 6-79），效果如图 6-80 所示。

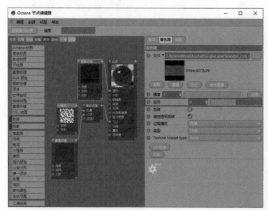

图6-77

图6-78

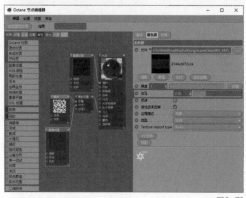

图6-79

图6-80

03 创建一个"混合材质"，然后将"湿地面""水坑"材质分别连接至"材质 1""材质 2"。创建一个"噪波"作为"混合材质"的数量。选择"噪波"，将"细节尺寸"修改为"6"，将"Omega"修改为"0.8"，将"对比"修改为"60"，勾选"反转"（见图 6-81），效果如图 6-82 所示。

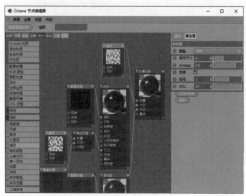

图6-81

图6-82

第7章　Octane Render实战案例

本章将综合运用Octane Render设计不同风格的场景，包括几何场景、等距房间场景、芯片场景、菠萝流体场景、榨汁机场景、森林场景等，同时，也会对各种可以快速制作模型或贴图的插件进行扩展讲解。

在讲解方式上，本章将着重讲解设计思路，读者可根据设计思路，利用提供的模型包和贴图包自行设计，如果遇到不理解的地方，可以观看随书附赠的视频。

7.1 几何场景

本节将讲解如何运用Octane Render渲染一个几何场景。通过本节的练习，读者能够综合运用前6章的知识，创建不同类型的材质，如玻璃材质、金属材质、植物材质、混合材质"，在实际操作中理解Octane Render的渲染流程以及不同材质的制作重点。

思路分析：

● 先制作玻璃罩的"折射材质"，再制作玻璃罩以内的材质，避免折射带来的视觉误差；

● 在制作"混合材质"时，可以使用"噪波"和"大理石"等程序化纹理控制"混合材质"的"数量"；

● 通过添加"法线贴图""粗糙度贴图""凹凸贴图"为材质增加质感；

● 不同盆栽之间的颜色不宜相差太大；

● 修改纹理的"投射"和"UV"使其适应模型。

案例最终效果如图7-1所示。

01 打开预设场景"白模1"，如图7-2所示。

图7-1

图7-2

02 创建一个"折射材质"，勾选"伪阴影"，然后适当调整"索引"的数值，使玻璃的透光性增强，如图7-3所示。将"折射材质"赋予"玻璃罩"，如图7-4所示。

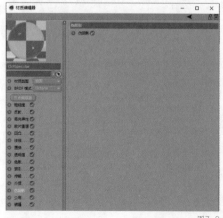

图7-3

图7-4

03 创建一个"漫射材质"，进入"颜色拾取器"，将"H"修改为"20°"，"S"修改为"36%"，"V"修改为"70%"，如图7-5所示。将"漫射材质"赋予"背景"，如图7-6所示。

图7-5

图7-6

04 创建一个"反射材质"，将"木纹贴图"的"漫射贴图""粗糙度贴图""凹凸贴图"分别连接至对应的通道，并添加"变换"节点调整 UV 变换，如图7-7所示。将"反射材质"赋予"木头底座""书架"，如图7-8所示。

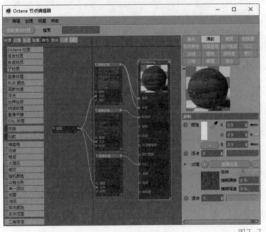

图7-7

图7-8

05 创建一个"光泽度材质"，将"椅子腿贴图"的"漫射贴图""粗糙度贴图""凹凸贴图"分别连接至对应的通道，并添加"投射"节点调整投射方式，如图7-9所示。再创建一个光泽度材质，将"皮革贴图"的"漫射贴图""粗糙度贴图"分别连接至对应的通道，如图7-10所示。将两个光泽度材质分别赋予"椅子面""椅子腿"，如图7-11所示。

图7-9

121

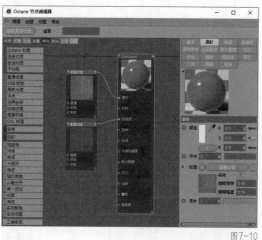

图7-10　　　　　　　　　　　　　　　　　　　　　　　　　　图7-11

06 创建一个"漫射材质"，再创建一个"RGB 颜色"节点并修改为"灰色"，将其连接至"漫射通道"。创建一个"噪波"节点，修改参数并连接至"粗糙度"通道。创建一个"混合纹理"，再创建两个"噪波"节点和一个"大理石"节点分别作为"数量""纹理1""纹理2"并连接至"凹凸"通道。将"山体法线贴图"连接至"法线"通道，如图 7-12 所示。将"漫射材质"赋予"山体"，如图 7-13 所示。

图7-12　　　　　　　　　　　　　　　　　　　　　　　　　　图7-13

07 创建一个"漫射材质"，进入"颜色拾取器"，将"H"修改为"24°"，"S"修改为"61%"，"V"修改为"74%"，如图 7-14 所示。

08 创建一个"漫射材质"，进入"颜色拾取器"，将"H"修改为"55°"，"S"修改为"10%"，"V"修改为"54%"，如图 7-15 所示。

图7-14　　　　　　　　　　　　　　　　　　　　　　　　　　图7-15

09 创建一个"漫射材质"，进入"颜色拾取器"，将"H"修改为"34°"，"S"修改为"24%"，"V"修改为"87%"，如图 7-16 所示。

10 将 3 个"漫射材质"分别赋予"书"，如图 7-17 所示。

图7-16

图7-17

11 创建一个"混合材质"，置入"MIX1 贴图"控制"数量"，使用之前创建的两个"漫射材质"作为"材质 1""材质 2"，如图 7-18 所示。将"混合材质"赋予"圆柱"，如图 7-19 所示。

图7-18

图7-19

12 创建一个"反射材质"。将"松树叶子贴图"的"漫射通道贴图""粗糙度通道贴图"分别连接至对应的通道，并创建一个"颜色校正"节点调整"漫射通道贴图"的颜色，如图 7-20 所示。再创建一个"反射材质"，将"松树树干贴图"的"漫射通道贴图""粗糙度通道贴图""凹凸通道贴图"分别连接至对应的通道，如图 7-21 所示。将"反射材质"分别赋予"松树叶子""松树树干"，如图 7-22 所示。

图7-20

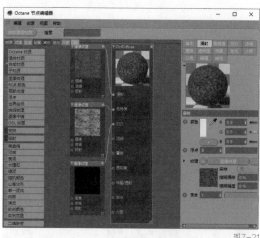

图7-21

图7-22

13 创建一个"漫射材质"，将"泥土贴图"的"漫射通道贴图""粗糙度通道贴图""凹凸通道贴图"
分别连接至对应的通道，如图 7-23 所示。

14 创建一个"反射材质"，将"盆栽贴图"各个通道的贴图分别连接至对应的通道。

15 使用同样的方法，替换贴图，创建所有"盆栽材质"。根据盆栽本身的颜色，通过创建"色彩校正"
节点调整颜色，平衡不同盆栽之间的颜色，如图 7-24 ～图 7-28 所示。

图7-23

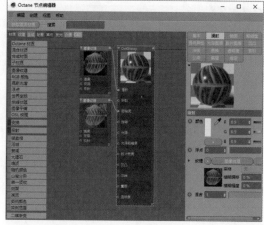

图7-24

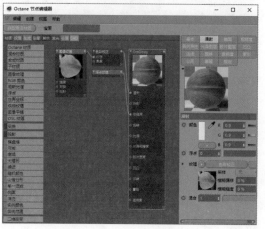

图7-25

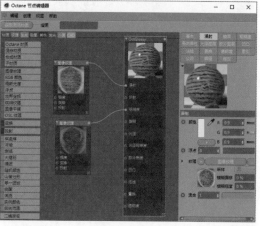

图7-26

图7-27

图7-28

16 将"漫射材质""反射材质"分别赋予"泥土""盆栽"，如图7-29所示。

17 创建两个"金属材质"。再创建两个"RGB颜色"节点并分别修改为"金色""银色"。创建"浮点纹理"节点并修改参数，然后连接至"粗糙度"通道。置入"金属凹凸贴图"并连接至"凹凸"通道，如图7-30和图7-31所示。

图7-29

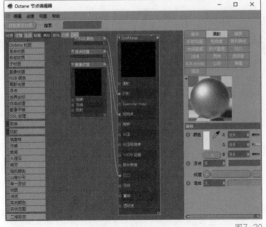

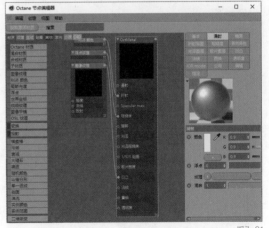

图7-30

图7-31

18 创建一个"混合材质"，再创建一个"噪波"节点作为"数量"，使用之前创建的"金属材质"作为"材质1""材质2"，如图7-32所示。将"金属材质"赋予"圆环1""圆环2""金属球"，将"混合材质"赋予"MIX球体"，如图7-33所示。

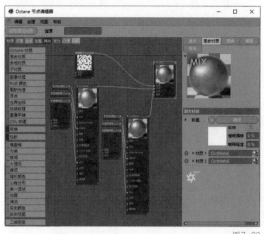

图7-32

图7-33

19 调整渲染参数，增加简单的后期效果并渲染
出图，如图 7-34 所示。

图7-34

案例扩展：

　　利用提供的模型包、贴图包、预设包，完成以下两个白模的渲染，如图 7-35 和图 7-36 所示。

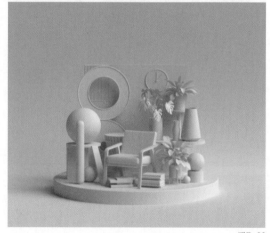

图7-35

图7-36

7.2 等距房间场景

本节将讲解如何运用Octane Render渲染一个等距房间场景。通过本节的练习，读者能够掌握一些基础的建模技巧，同时还可以掌握如何在暗环境下制作自发光材质，以及如何为场景补光。

思路分析：

- 通过设置"摄像机焦距"实现等距的视觉效果；
- 制作"发光材质"并赋予自发光物体照亮场景；
- 为场景补光，增加氛围感。

案例最终效果如图7-37所示。

01 打开预设场景"等距房间"，如图7-38所示。

图7-37

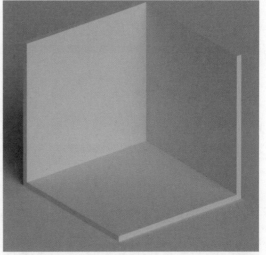

图7-38

02 创建"地板"和"墙壁"，如图7-39所示。

03 创建"门""门框""门把手"，如图7-40所示。

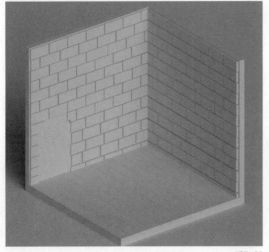

图7-39

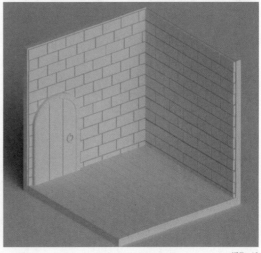

图7-40

04 创建"楼梯""火炬"，如图 7-41 所示。

05 创建"书架""书""瓶子""罐子"，如图 7-42 所示。

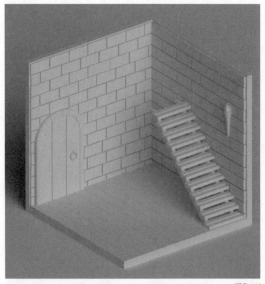

图7-41

图7-42

06 创建"桌子""椅子""书""瓶子""烛台"水晶球，如图 7-43 所示。

07 创建"架子""杯子""书""瓶子"，如图 7-44 所示。

图7-43

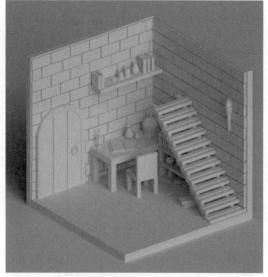

图7-44

08 创建"炉子""骨头""汤底""火焰""柴火""壁炉"，如图 7-45 所示。

09 创建"箱子""刀"，如图 7-46 所示。

图7-45   图7-46

10 创建一个"漫射材质"，进入"颜色拾取器"，将"H"修改为"24°"，"S"修改为"37%"，"V"修改为"50%"，如图7-47所示。

11 创建一个"漫射材质"，进入"颜色拾取器"，将"H"修改为"9°"，"S"修改为"50%"，"V"修改为"33%"，如图7-48所示。

图7-47   图7-48

12 创建一个"漫射材质"，进入"颜色拾取器"，将"H"修改为"0°"，"S"修改为"0%"，"V"修改为"95%"，如图7-49所示。

13 创建一个"漫射材质"，进入"颜色拾取器"，将"H"修改为"280°"，"S"修改为"20%"，"V"修改为"32%"，如图7-50所示。

 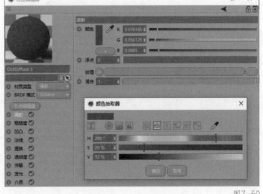

图7-49   图7-50

14 创建一个"漫射材质"，进入"颜色拾取器"，将"H"修改为"285°"，"S"修改为"33%"，"V"修改为"57%"，如图 7-51 所示。

15 创建一个"漫射材质"，进入"颜色拾取器"，将"H"修改为"256°"，"S"修改为"1%"，"V"修改为"58%"，如图 7-52 所示。

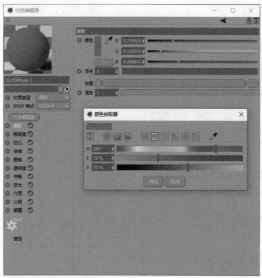

图 7-51

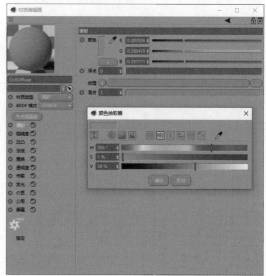

图 7-52

16 创建一个"漫射材质"，进入"颜色拾取器"，将"H"修改为"24°"，"S"修改为"11%"，"V"修改为"75%"，如图 7-53 所示。

17 创建一个"漫射材质"，进入"颜色拾取器"，将"H"修改为"220°"，"S"修改为"44%"，"V"修改为"30%"，如图 7-54 所示。

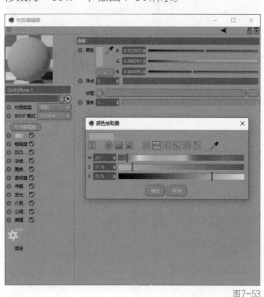

图 7-53

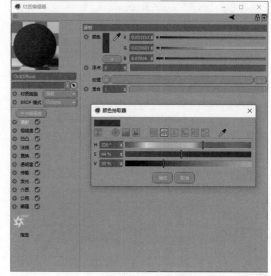

图 7-54

18 创建一个"漫射材质"，进入"颜色拾取器"，将"H"修改为"15°"，"S"修改为"80%"，"V"修改为"65%"，如图 7-55 所示。

19 将不同颜色的"漫射材质"分别赋予"地板""火炉""骨头""箱子""烛台""书""瓶子""书架""罐子""楼梯""火炬"等，如图 7-56 所示。

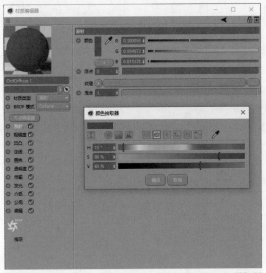

图7-55

图7-56

20 创建一个"折射材质",勾选"伪阴影",如图7-57所示。

21 创建一个"漫射材质",将"古书贴图"的"漫射贴图""粗糙度贴图""法线贴图"分别连接至对应的通道,如图7-58所示。将"漫射材质"赋予"古书",效果如图7-59所示。

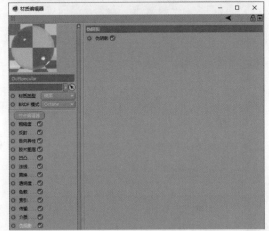

图7-57

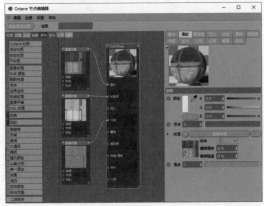

图7-58

图7-59

22 创建一个"发光材质"，将"颜色"修改为"棕色"，并将功率修改为"1"，勾选"表面亮度"，如图 7-60 所示。

23 创建一个"发光材质"，将"颜色"修改为"蓝色"，并将功率修改为"5"，勾选"表面亮度"，如图 7-61 所示。

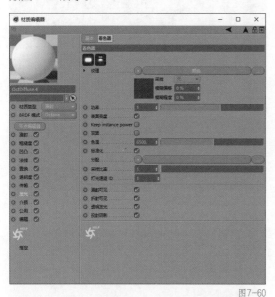

图7-60

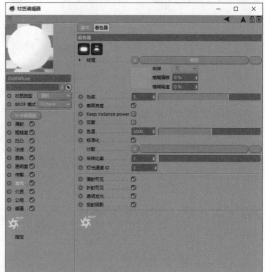

图7-61

24 创建一个"发光材质"，将"颜色"修改为"绿色"，并将功率修改为"1"，勾选"表面亮度"，如图 7-62 所示。

25 创建一个"发光材质"，将"颜色"修改为"橙色"，并将功率修改为"10"，勾选"表面亮度"，如图 7-63 所示。

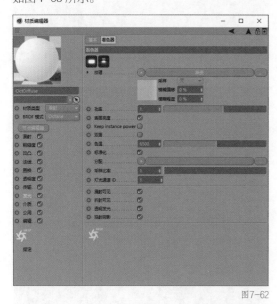

图7-62

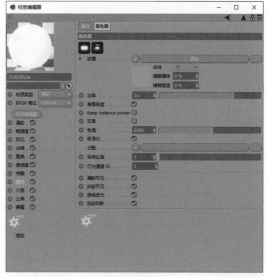

图7-63

26 创建一个"发光材质"，将"颜色"修改为"橙色"，并将功率修改为"0.5"，勾选"表面亮度"，如图 7-64 所示。

27 创建一个"发光材质"，将"颜色"修改为"红色"，并将功率修改为"10"，勾选"表面亮度"，如图 7-65 所示。

图7-64　　　　　　　　　　　　　　　　　　　　　　图7-65

28 将不同颜色的"发光材质"分别赋予"刀""水晶球""汤底""火""火炬"等，如图7-66所示。

29 创建一个"发光材质"，将"颜色"修改为"蓝色至紫色"的渐变色，并将功率修改为"10"，勾选"表面亮度"，如图7-67所示。

图7-66

图7-67

30 创建一个"发光材质"，将"颜色"修改为"绿色至黄色"的渐变色，并将功率修改为"10"，勾选"表面亮度"，如图7-68所示。

图7-68

31 创建一些"补光物体"（见图7-69），将之前创建的"发光材质"赋予"补光物体"，如图7-70所示。

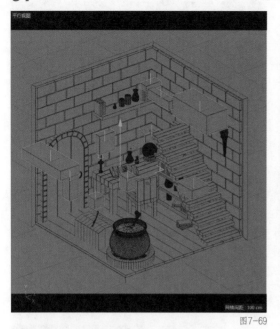

图7-69

图7-70

案例扩展：

　　自行寻找参考图并制作一个亮环境的等距场景，如图7-71和图7-72所示。

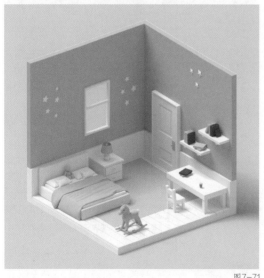

图7-71

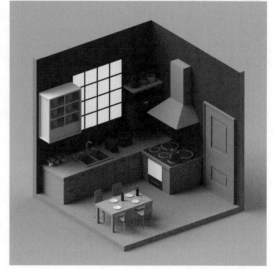

图7-72

7.3 芯片场景

　　本节将讲解如何运用Octane Render渲染一个芯片场景。芯片场景是一种非常流行的视觉风格，即科技风格，这种风格在手机、计算机等电子产品领域应用广泛。通过本节的练习，读者能够理解科技风格的制作重点，以及"JS placement""Poly Greeble"插件的用法。

思路分析：

- 先制作底部的数据板，然后制作主视觉芯片，最后添加科技元素增加氛围感；
- 使用"JS placement"生成"置换贴图""点状图"；
- 数据板可以用两张或两张以上置换贴图来增加细节；
- 制作材质时，可在"粗糙度""凹凸""法线"等通道增加纹理，从而增加细节；
- 在主视觉即芯片内部增加自发光物体，使视觉中心更加聚焦；
- 增加景深效果，使视觉中心更加聚焦。

案例最终效果如图7-73所示。

图7-73

01 运用插件"JS placement"
生成一张置换贴图，如图7-74
所示。

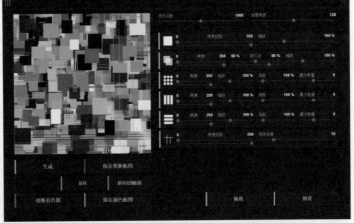

图7-74

02 创建一个"漫射材质"，将"数据板贴图"的"粗糙度贴图""凹凸贴图""法线贴图""置换贴图"分别连接至对应的通道，创建"变换""投射"节点调整贴图的 UV 变换以及投射方式，如图 7-75 所示。

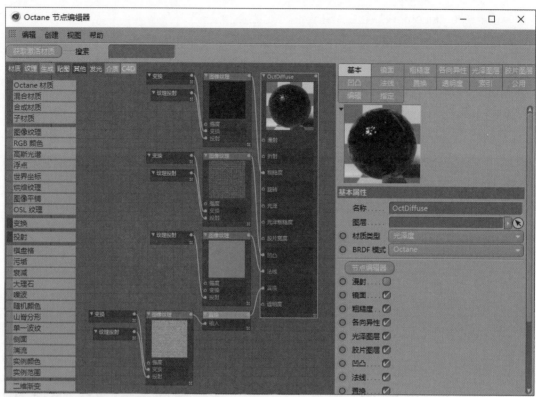

图7-75

03 创建一个"平面"，将"漫射材质"赋予"平面"，效果如图 7-76 所示。

图7-76

04 运用插件"JS placement"生成一张置换贴图，如图 7-77 所示。

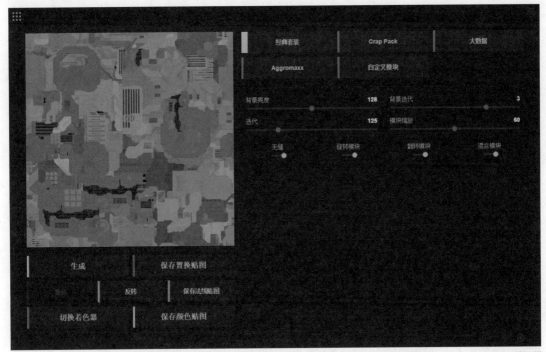

图7-77

05 复制一个"漫射材质"，替换"置换贴图"，如图 7-78 所示。

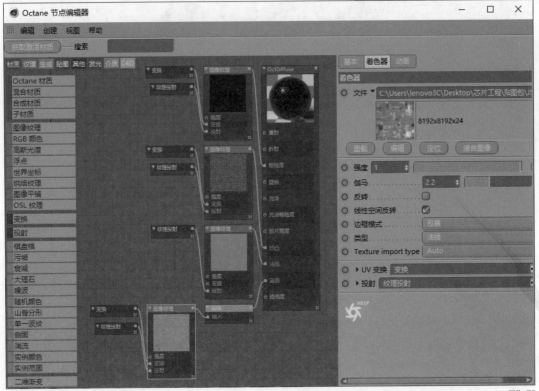

图7-78

06 创建一个"平面"，将"漫射材质"赋予"平面"，效果如图 7-79 所示。

07 将"CPU 底座"置入，如图 7-80 所示。

图7-79

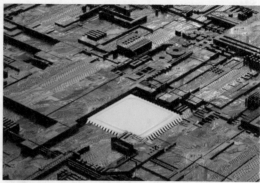
图7-80

08 复制一个"漫射材质"，取消连接"置换"通道的贴图，如图 7-81 所示。

图7-81

09 创建一个"金属材质"，再创建一个"RGB 颜色"节点，将其修改为"银色"并连接至"折射"通道。创建一个"噪波"节点，修改参数并连接至"粗糙度"通道。置入一张"划痕法线贴图"并连接至"法线"通道，如图 7-82 所示。

图7-82

10 将"漫射材质""金属材质"赋予"CPU 底座",如图 7-83 所示。

11 创建两个"立方体",如图 7-84 所示。

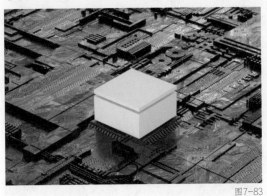

图7-83

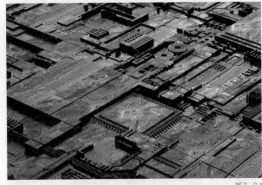

图7-84

12 创建一个"折射材质",创建一个"浮点纹理"节点,修改参数并连接至"粗糙度"通道,勾选"伪阴影",如图 7-85 所示。

13 将"漫射材质""折射材质"赋予"CPU(上)""CPU(下)",如图 7-86 所示。

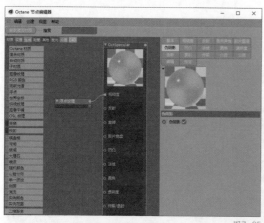

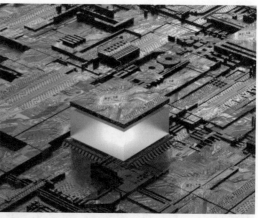

图7-85

图7-86

14 运用"多边形FX""着色""布料区面"制作破碎玻璃，如图7-87和图7-88所示。

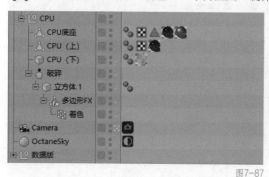

图7-87

图7-88

15 将"折射材质"赋予"破碎"，如图7-89所示。

16 创建一个"发光材质"，将"颜色"修改为"紫色"，并将"功率"修改为"25"，勾选"表面亮度"，如图7-90所示。

图7-89

图7-90

17 创建一个"发光材质"，将"颜色"修改为"蓝色"，并将"功率"修改为"100"，勾选"表面亮度"，如图7-91所示。

18 创建几个"立方体"，作为自发光物体，将"发光材质"赋予"立方体"，如图7-92所示。

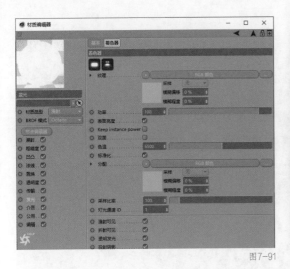
图7-91

图7-92

19 创建一个"发光材质"，再创建一个"RGB 颜色"节点并修改为"蓝色"，然后连接至"漫射"通道，将"表面贴图 3"分别连接至"透明度"通道"发光"通道，如图 7-93 所示。

图7-93

20 创建一个"发光材质"，再创建一个"RGB颜色"节点并修改为"蓝色"，然后连接至"漫射"通道，将"数据贴图8"分别连接至"透明度"通道"发光"通道，如图7-94所示。

图7-94

21 创建一个"发光材质"，再创建一个"RGB颜色"节点并修改为"蓝色"，然后连接至"漫射"通道，将"数据贴图6"分别连接至"透明度"通道"发光"通道，如图7-95所示。

图7-95

22 创建几个"平面"，作为自发光物体，如图7-96所示。

23 将"发光材质"赋予"平面"，如图7-97所示。

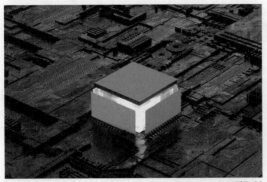

图7-96

图7-97

24 创建一些"科技线条"，如图7-98所示。

25 创建一个"发光材质"，将"置换贴图1"连
接至"透明度"通道，再创建一个"RGB颜色"
节点并修改为"蓝色"，然后连接至"发光"通道，
如图7-99所示。

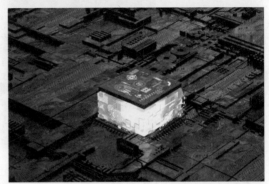

图7-98

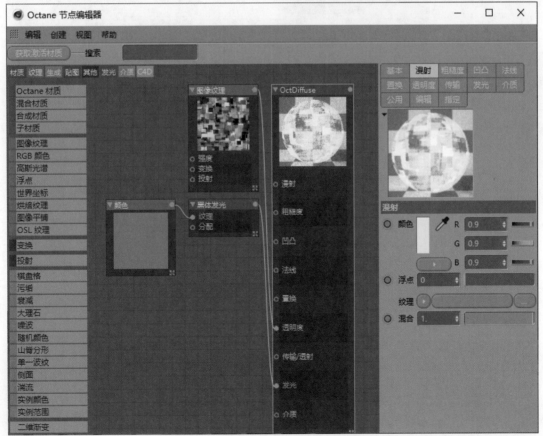

图7-99

26 创建一个"发光材质"，将"置换贴图2"连接至"透明度"通道，再创建一个"RGB颜色"节点并修改为"蓝色"，然后连接至"发光"通道，如图7-100所示。

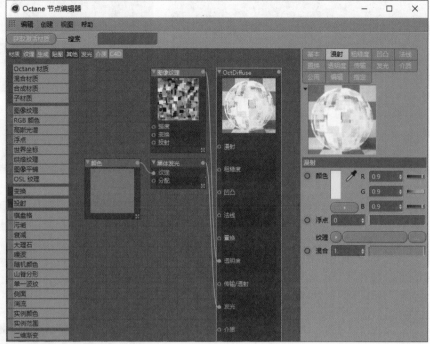

图7-100

27 创建一个"发光材质"，将"置换贴图3"连接至"透明度"通道，再创建一个"RGB颜色"节点并修改为"蓝色"，然后连接至"发光"通道，如图7-101所示。

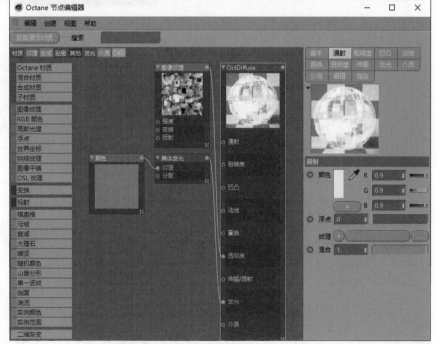

图7-101

28 将"发光材质"赋予"科技线条"，如图7-102所示。

29 运用插件"JS placement"生成一张点状图，如图7-103所示。

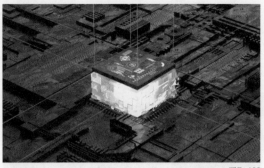

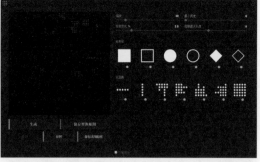

图7-102　　　　　　　　　　　　　　　　　　　　　图7-103

30 创建一个"发光材质"，将"点状图"分别连接至"透明度"通道"发光"通道，如图7-104所示。

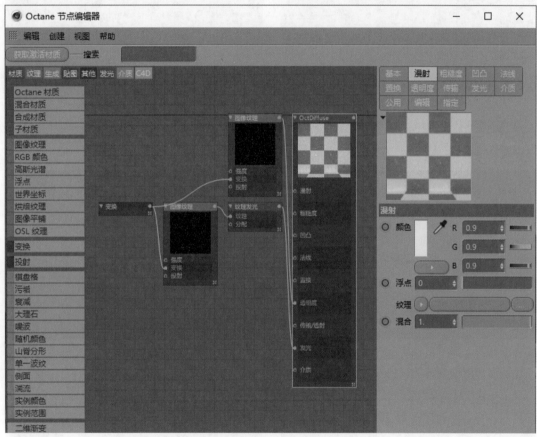

图7-104

31 创建一个"平面"，作为自发光物体。将"发光材质"赋予"平面"，如图7-105所示。

32 置入一些"电子元件"，如图7-106所示。

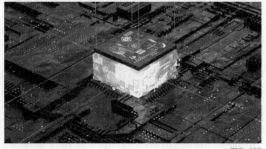

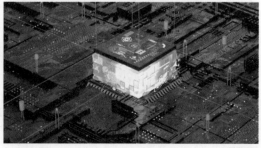

图7-105　　　　　　　　　　　　　　　　　　　　　图7-106

33 创建一个"发光材质"，将"颜色"修改为"紫色"，并将"功率"修改为"1.5"，勾选"表面亮度"，如图 7-107 所示。

34 创建一个"发光材质"，将"颜色"修改为"蓝色"，并将"功率"修改为"3"，勾选"表面亮度"，如图 7-108 所示。

图 7-107

图 7-108

35 将"漫射材质""发光材质"分别赋予"电子元件"，如图 7-109 所示。

36 创建两个"区域光"为场景补光，如图 7-110 所示。

图 7-109

图 7-110

37 为场景增加"景深"效果，如图 7-111 所示。

38 为场景增加"摄像机成像"效果，如图 7-112 所示。

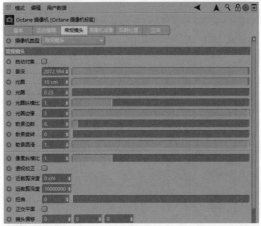

图 7-111

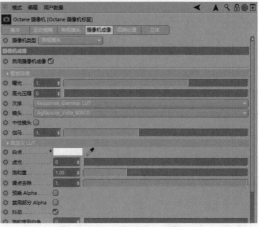

图 7-112

39 为场景增加"后期处理"效果，如图7-113所示。

40 最终效果如图7-114所示。

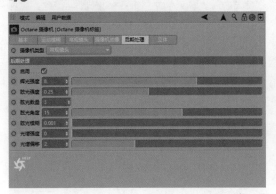

图7-113

图7-114

案例扩展：

利用"Poly Greeble"插件可以快速制作主视觉；将需要产生细节的物体拖曳至"Poly Greeble"下，可以快速在物体表面制作出丰富的细节，如图7-115所示。

图7-115

效果如图7-116和图7-117所示。

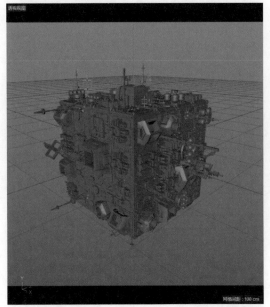

图7-116

图7-117

如图7-118所示，修改"Random Seed"的数值，可以在物体表面随机产生细节。

图7-118

如图7-119所示，修改"Bases"的数值，可以控制Bases表面细节的高低、大小等。

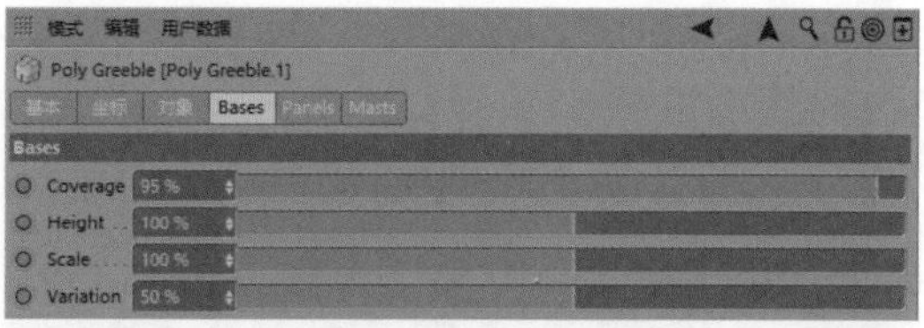

图7-119

如图7-120所示，修改"Masts"的数值，可以控制Masts表面细节的高低、大小等。

如图7-121所示，修改"Panels"的数值，可以控制Panels表面细节的高低、大小等。

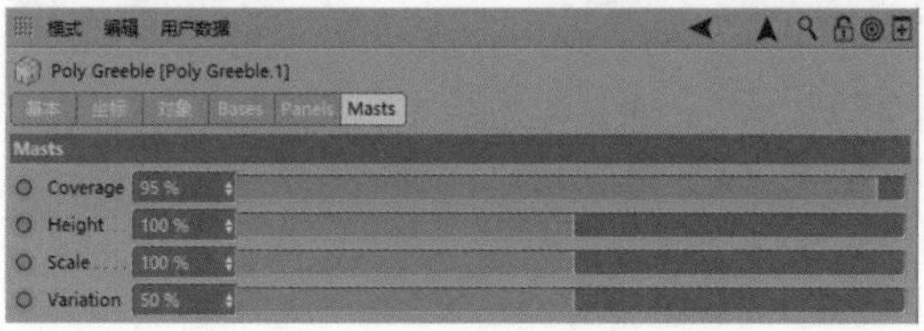

图7-120

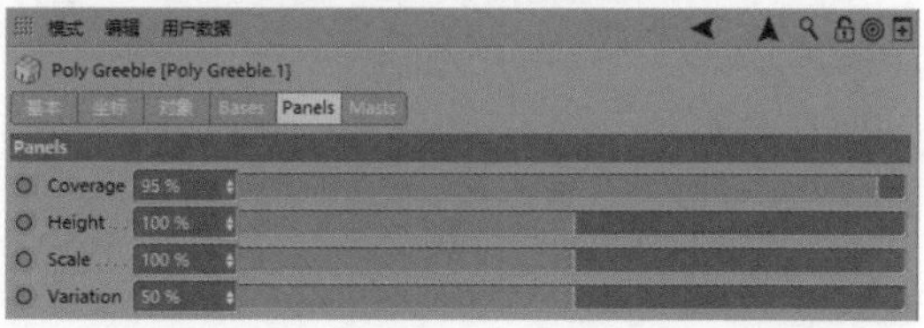

图7-121

7.4 菠萝流体场景

本节将讲解如何运用Octane Render渲染菠萝流体场景。流体效果在果汁、洗发水等电商领域应用广泛。通过本节的练习，读者能够理解流体效果的制作重点，以及"Realflow"插件的用法。

思路分析：

- 通过插件"Realflow"制作菠萝汁飞溅的效果；
- 在"域"中增加"噪波场""压面场"，使菠萝汁产生随机飞溅且粘连的效果；
- 使用"散射介质"节点制作菠萝汁的"SSS"材质；

案例最终效果如图7-122所示。

图7-122

01 打开预设场景"菠萝流体场景"，置入模型"完整的菠萝""半个菠萝"并调整位置，如图7-123所示。

02 选择"RealFlow>Emitters>圆形"，如图7-124所示。

03 在"透视视图"中调整"圆形"的大小和位置，如图7-125所示。

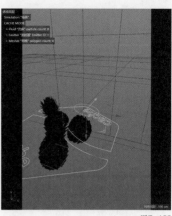

图7-123　　　　　　　　　　　　　图7-124　　　　　　　　　　　　　图7-125

04 选择"RealFlow>Daemons> 噪波场"，在"噪波场"中将"强度"修改为"125 cm"，如图 7-126 和图 7-127 所示。

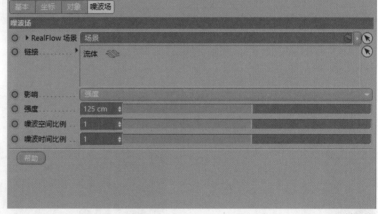

图7-126　　　　　　　　　　　　　　　　　　　　　　　　　　　　　　图7-127

05 选择"RealFlow>Daemons> 压面场"，在"压面场"中将"最小腔体尺寸"修改为"1"，将"对齐阈值"修改为"15"，如图 7-128 和图 7-129 所示。

图7-128　　　　　　　　　　　　　　　　　　　　　　　　　　　　　　图7-129

06 选择"RealFlow>网格"，在"网格"中将"分辨率"修改为"低-中"，将"半径"修改为"5 cm"，将"平滑"修改为"1"，如图7-130和图7-131所示。

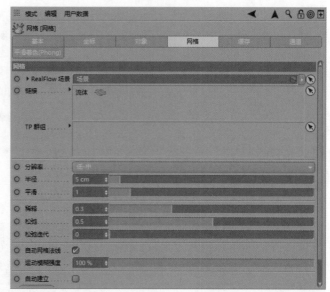

图7-130   图7-131

07 播放至第"67"帧，如图7-132所示。

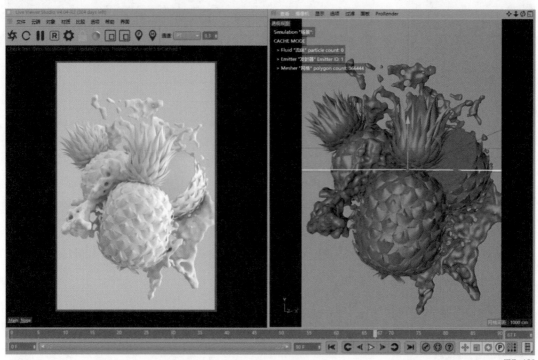

图7-132

08 创建一个"漫射材质"，进入"颜色拾取器"，将"H"修改为"31°"，"S"修改为"47%"，"V"修改为"91%"，如图7-133所示。

09 将"漫射材质"赋予"背景"，如图7-134所示。

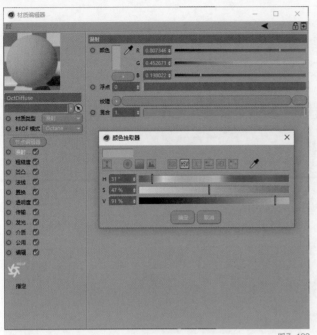

图7-133   图7-134

10 创建一个"反射材质",将"菠萝果肉贴图"的"漫射贴图""折射贴图""粗糙度贴图""凹凸贴图"连接至对应的通道,如图7-135所示。

图7-135

11 创建一个"反射材质"，将"菠萝叶贴图"的"漫射贴图""折射贴图""粗糙度贴图""凹凸贴图"连接至对应的通道，如图 7-136 所示。

图7-136

12 创建一个"反射材质"，将"菠萝贴图"的"漫射贴图""折射贴图""粗糙度贴图""凹凸贴图"连接至对应的通道，如图 7-137 所示。

图7-137

13 创建一个"反射材质"，将"菠萝根贴图"的"漫射贴图""折射贴图"连接至对应的通道，如图 7-138 所示。

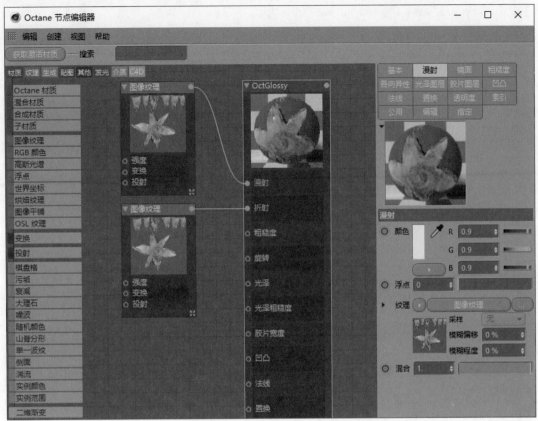

图7-138

14 将4个"反射材质"分别赋予"菠萝果肉""菠萝叶""菠萝""菠萝根",如图7-139所示。

15 创建一个"折射材质",再创建一个"散射介质"节点,分别创建两个"RGB 颜色"节点并连接至"吸收""散射"通道,将"密度"修改为"30",将"相位"修改为"-0.8",如图7-140所示。

图7-139

图7-140

16 将"折射材质"赋予"菠萝汁"，如图 7-141 所示。

17 为场景增加"景深"效果，如图 7-142 所示。

图7-141

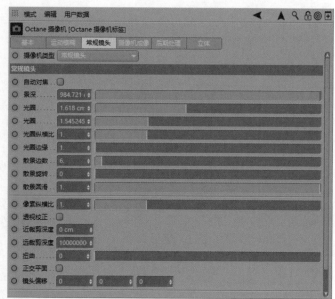

图7-142

18 为场景增加"摄像机成像"效果，如图 7-143 所示。

19 最终效果如图 7-144 所示。

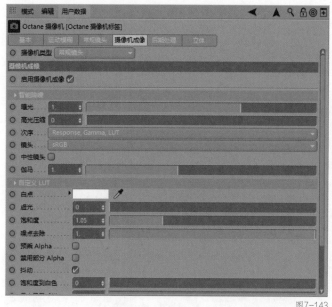

图7-143

图7-144

案例扩展：

利用提供的模型包、贴图包、预设包、插件，制作一个其他水果的流体场景。

7.5 榨汁机场景

本节将讲解如何运用Octane Render渲染榨汁机场景。榨汁机场景是一种非常流行且综合的视觉风格。通过本节的练习，读者能够学会如何通过合理的布局和光影突出主视觉，并对各种材质的创建方法有更深的理解。

思路分析：

- 将各种模型通过合理的布局突出主视觉榨汁机；
- 制作材质时，可在"粗糙度""凹凸"和"法线"等通道增加纹理，从而增加细节；
- 通过调整"折射材质"的各个通道，配合光影，使玻璃变得透光。

案例最终效果如图7-145所示。

图7-145

01 打开预设场景"榨汁机场景"，置入模型"榨汁机"并调整位置，如图7-146所示。

02 创建"橙子""盘子""刀"并调整位置，如图7-147所示。

图7-146

图7-147

03 创建"花"并调整位置，如图7-148所示。

04 创建"刀叉架"并调整位置，如图7-149所示。

图7-148

图7-149

05 创建"毛巾架""毛巾"并调整位置，如图 7-150 所示。

06 创建"杯子"并调整位置，如图 7-151 所示。

图7-150

图7-151

07 创建"橙子"并调整位置，如图 7-152 所示。

08 创建"冰块""冰渣"并调整位置，如图 7-153 所示。

图7-152

图7-153

09 创建一个"漫射材质"。将"毛巾贴图"的"凹凸贴图""法线贴图"分别连接至对应的通道，如图 7-154 所示。

图7-154

10 创建一个"漫射材质"并修改为"黑色"，然后增加"粗糙度"，如图 7-155 所示。

11 将两个"漫射材质"分别赋予"毛巾""底部防滑"，如图 7-156 所示。

图7-155

图7-156

12 创建一个"反射材质"，进入"颜色拾取器"，将"H"修改为"0°"，"S"修改为"0%"，"V"修改为"50%"，如图 7-157 所示。

13 创建一个"反射材质"，进入"颜色拾取器"，将"H"修改为"46°"，"S"修改为"5%"，"V"修改为"86%"，如图 7-158 所示。

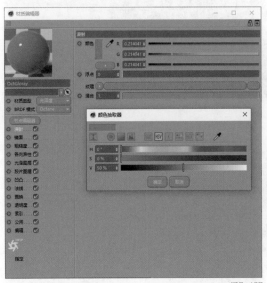

图7-157

图7-158

14 创建一个"反射材质"，将"墙壁贴图"的"折射贴图""粗糙度贴图""法线贴图""置换贴图"分别连接至对应的通道，如图 7-159 所示。

15 将 3 个"反射材质"分别赋予"花盆""墙壁""榨汁机"，如图 7-160 所示。

图7-159

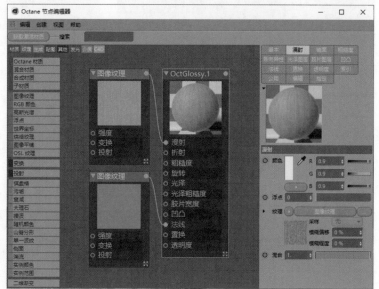

图7-160

16 创建一个"反射材质"，将"盘子贴图"的"漫射贴图""法线贴图"分别连接至对应的通道，如图7-161所示。

图7-161

17 创建一个"反射材质"，将"植物贴图"的"漫射贴图""法线贴图"分别连接至对应的通道，如图7-162所示。

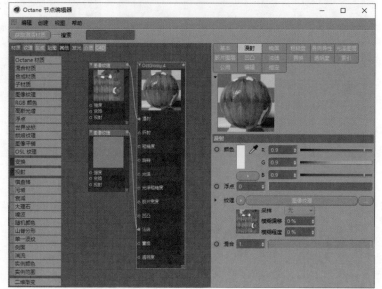

图7-162

18 创建一个"反射材质"，将"橙子片贴图"的"漫射贴图""折射贴图""粗糙度贴图""凹凸贴图""法线贴图"分别连接至对应的通道，如图7-163所示。再创建一个"反射材质"，将"圆橙子贴图"的"漫射贴图""法线贴图"分别连接至对应的通道，如图7-164所示。

图7-163

图7-164

19 将 4 个 "反射材质" 分别赋予 "盘子" "刀叉架" "橙子片" "圆橙子" "毛巾架" "刀把" 等，如图 7-165 所示。

20 创建一个 "金属材质"，将颜色修改为 "银色"，并将 "法线贴图" 连接至 "法线" 通道，如图 7-166 所示。

图7-165

图7-166

21 创建一个 "金属材质"，将颜色修改为 "银色"，并将 "法线贴图" 连接至 "法线" 通道，然后增加一些 "粗糙度"，如图 7-167 所示。

图7-167

22 创建一个"金属材质"，将颜色修改为"银色"，然后增加一些"粗糙度"，如图 7-168 所示。

23 将 3 个"金属材质"分别赋予"勺子""刀""刀片"等，如图 7-169 所示。

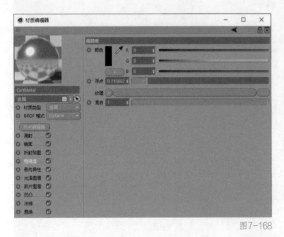

图7-168

图7-169

24 创建一个"折射材质"，如图 7-170 所示。

25 创建一个"折射材质"，然后增加一些"粗糙度"，如图 7-171 所示。

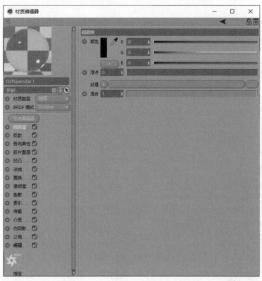

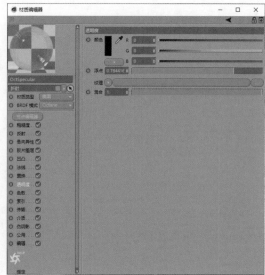

图7-170 　　　　　　　　　　　　　　　　　　　　　图7-171

26 创建一个"折射材质"，将"玻璃罩贴图"的"粗糙度贴图""凹凸贴图"分别连接至对应的通道，如图 7-172 所示。

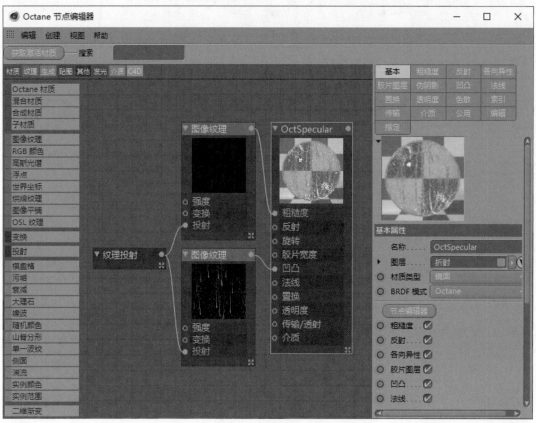

图7-172

27 创建一个"折射材质"，创建"RGB 颜色""散 射 介 质"节点分别连接至"传输／透射"通道"介质"通道，如图 7-173 所示。

图7-173

28 将 4 个"折射材质"分别赋予"果汁""杯子""冰块"等，如图 7-174 所示。

29 为场景增加"景深"效果，如图 7-175 所示。

图7-174

图7-175

30 为场景增加"摄像机成像"效果，如图 7-176 所示。

31 最终效果如图 7-177 所示。

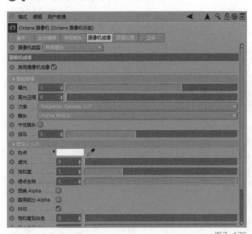

图7-176

图7-177

案例扩展：

利用提供的模型包、贴图包、预设包、插件，替换榨汁机或水果，制作一个不同的榨汁机场景。

7.6 森林场景

本节将讲解如何运用Octane Render渲染森林场景。森林场景是一种写实的视觉风格。通过本节的练习，读者能够学会如何搭建森林场景，并且掌握写实材质和写实光影的处理方法。

思路分析：

- 使用"forester"插件生成"草""花""树木""岩石"；
- 使用"Octane 日光"照亮场景。

案例最终效果如图 7-178 所示。

图7-178

01 创建一个"Octane 日光"，然后创建一个"地形"，修改参数（见图7-179），效果如图7-180所示。

图7-179　　　　　　　　　　　　　　　　　　　　　　图7-180

02 创建一个"漫射材质"，将"草坪贴图"的"漫射贴图""粗糙度贴图""凹凸贴图""法线贴图"分别连接至对应的通道，并添加"变换""投射"节点调整纹理在物体上的UV变换和投射方式，如图7-181所示。

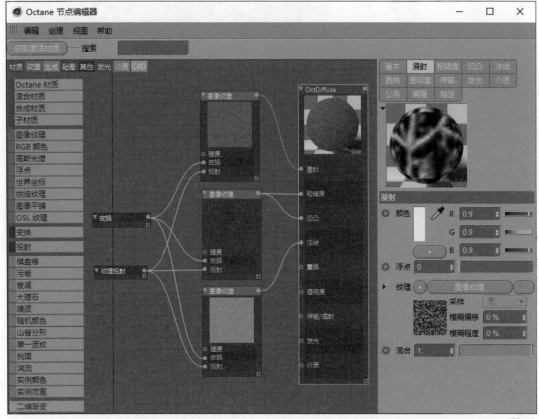

图7-181

165

03 将"漫射材质"赋予"地形"，如图 7-182 所示。

04 使用"forester"插件，生成"草"，如图 7-183 所示。

图7-182

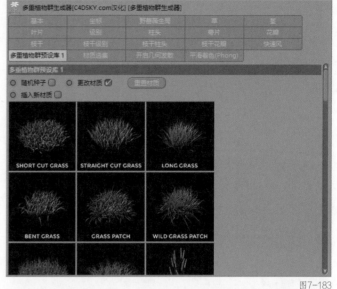

图7-183

05 将"forester"插件生成的"草"拖曳至"Octane 分布"下方，使其成为"Octane 分布"的子级，并添加"随机"效果器，如图 7-184 所示。

图7-184

06 修改"Octane 分布""随机"的参数（见图 7-185 和图 7-186），效果如图 7-187 所示。

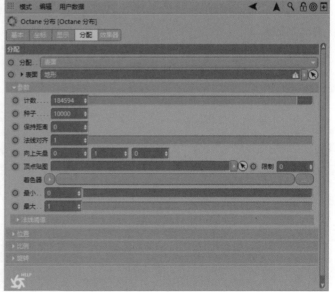

图7-185

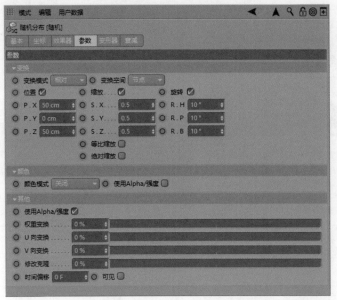

图7-186

图7-187

07 创建一个"反射材质"，进入"颜色拾取器"，将"H"修改为"89°"，"S"修改为"56%"，"V"修改为"53%"，如图7-188所示。

08 创建一个"反射材质"，进入"颜色拾取器"，将"H"修改为"89°"，"S"修改为"56%"，"V"修改为"60%"，如图7-189所示。

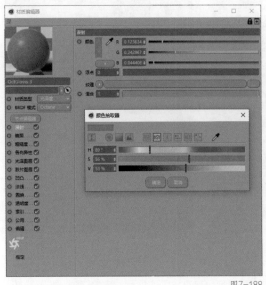

图7-188

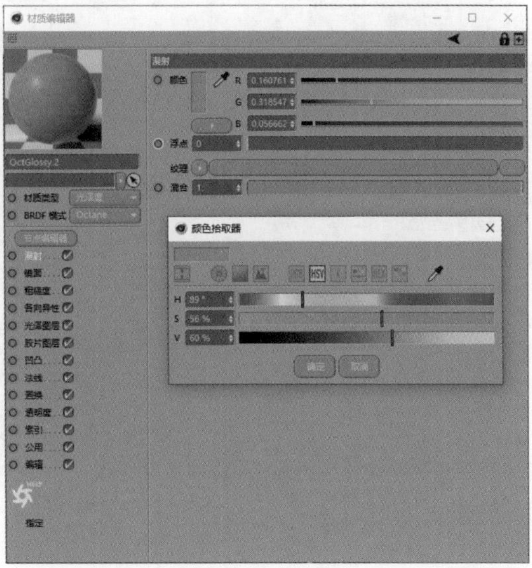

图7-189

09 创建一个"反射材质"，进入"颜色拾取器"，将"H"修改为"89°"，"S"修改为"56%"，"V"修改为"56%"，如图7-190所示。

10 将"光泽度材质"赋予"草"，如图7-191所示。

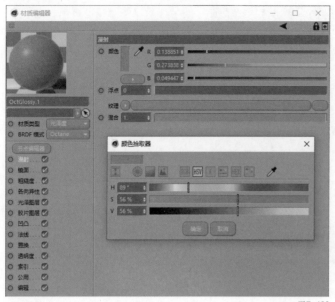

图7-190

图7-191

11 使用"forester"插件生成"树木"，或置入模型包中的"树木"，如图7-192和图7-193所示。

图7-192

图7-193

12 创建一个"漫射材质"，将"树叶贴图"的"漫射贴图""粗糙度贴图"连接至对应的通道，如图7-194所示。

13 创建一个"漫射材质"，将"树干贴图"的"漫射贴图""粗糙度贴图""法线贴图"连接至对应的通道，如图7-195所示。

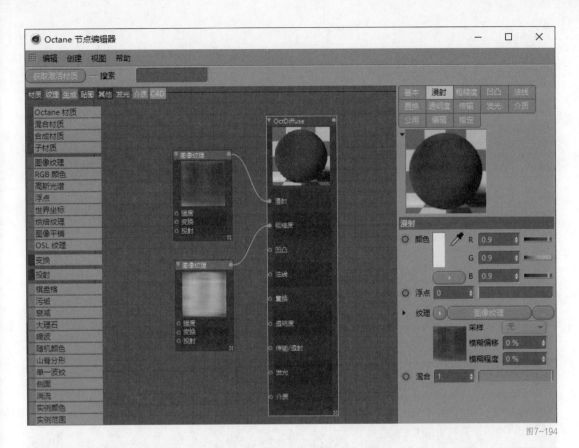

图7-194

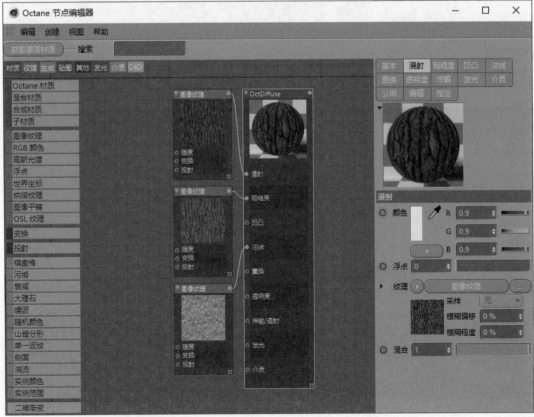

图7-195

14 创建一个"漫射材质"，将"树枝贴图"的"漫射贴图""粗糙度贴图""法线贴图"连接至对应的通道，如图 7-196 所示。

图7-196

15 将"漫射材质"赋予"树叶""树干"，如图 7-197 所示。

16 使用"forester"插件，生成"花"，如图 7-198 所示。

图7-197

图7-198

17 将"forester"插件生成的"花"拖曳至"Octane 分布"下方，使其成为"Octane 分布"的子级，并添加"随机"效果器，如图 7-199 所示。

18 修改"Octane 分布""随机"的参数（见图 7-200 和图 7-201），效果如图 7-202 所示。

图7-199

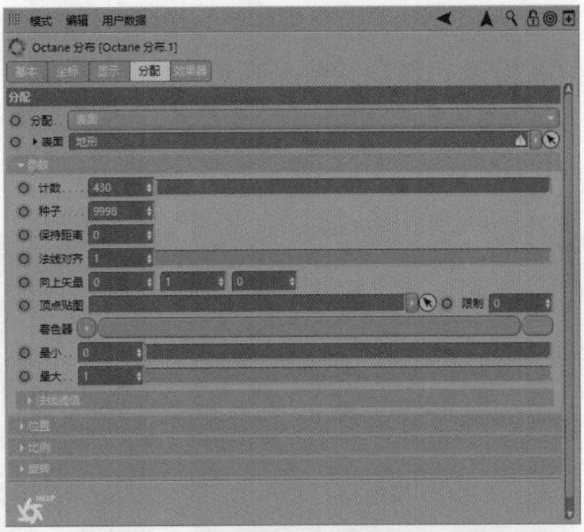

图7-200

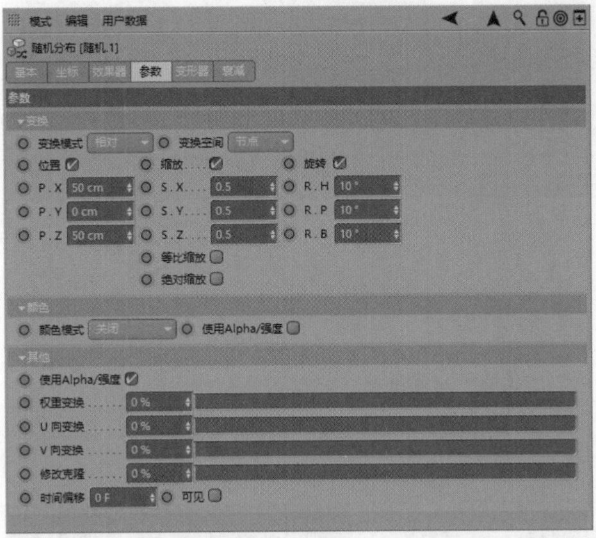

图7-201

图7-202

19 创建一个"反射材质"，进入"颜色拾取器"，将"H"修改为"53°"，"S"修改为"83%"，"V"修改为"93%"，如图 7-203 所示。

20 将"光泽度材质"赋予"花"，如图 7-204 所示。

图7-203

图7-204

21 将"吉他"置入，如图 7-205 所示。

22 创建一个"光泽度材质"，将"吉他贴图"的"漫射贴图""粗糙度贴图""法线贴图"分别连接至对应的通道，如图 7-206 所示。

图 7-205

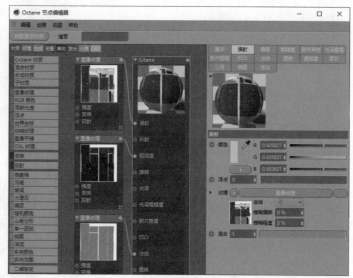

图 7-206

23 创建一个"金属材质"，创建一个"RGB 颜色"节点，将"颜色"修改为"金色"，创建一个"浮点纹理"节点，增加一些"粗糙度"，如图 7-207 所示。

24 将"光泽度材质""金属材质"赋予"琴身""琴弦"，如图 7-208 所示。

图 7-207

图 7-208

25 使用"forester"插件生成"岩石"或置入模型包中的"岩石"，如图 7-209 和图 7-210 所示。

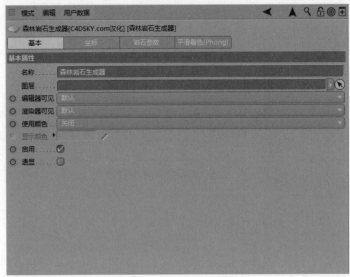

图7-209　　　　　　　　　　　　　　　　　　　　图7-210

26 创建一个"漫射材质"，将"吉他贴图"的"漫射贴图""粗糙度贴图""凹凸贴图""法线贴图"分别连接至对应的通道，如图7-211所示。

27 将"漫射材质"赋予"岩石"，如图7-212所示。

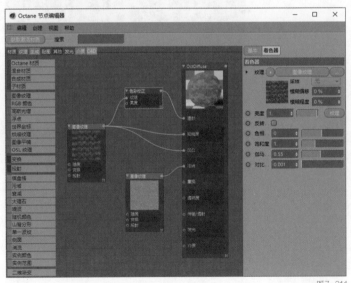

图7-211　　　　　　　　　　　　　　　　　　　　图7-212

28 调整"Octane 日光"的参数，如图7-213所示。

29 为场景增加"摄像机成像"，如图7-214所示。

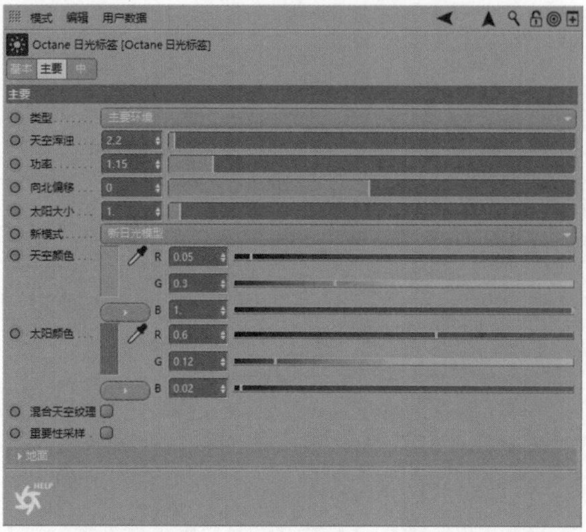

图7-213

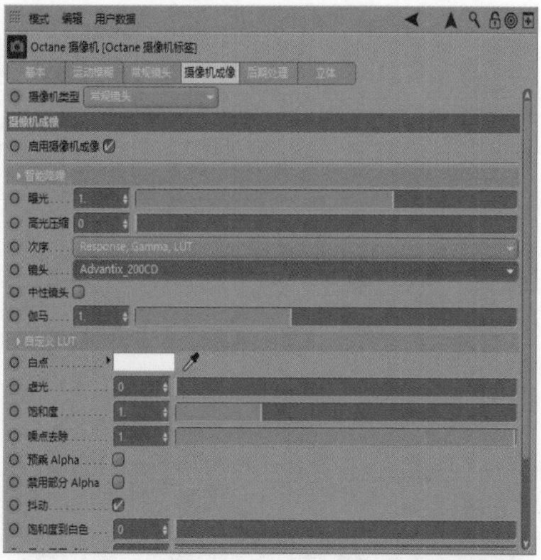

图7-214

30 调整渲染参数，增加简单的后期效果并渲染出图，如图 7-215 所示。

图7-215

案例扩展：

利用"forester"插件可以快速制作"草""树""岩石"，从而快速制作森林场景，如图 7-216 ～图 7-218 所示。

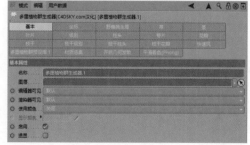

图7-216

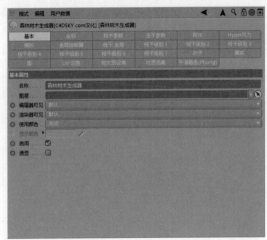

图7-217

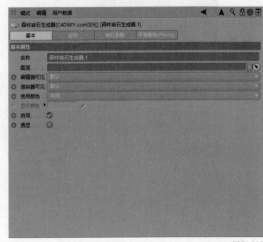

图7-218

利用提供的模型包、贴图包、预设包、插件，制作一个森林场景。